Càlcul I. Problemes

Mª Carme Leseduarte

Mª Dolors Llongueras

Antoni Magaña

UNIVERSITAT POLITÈCNICA DE CATALUNYA
BARCELONATECH

Escola Superior d'Enginyeries Industrial,
Aeroespacial i Audiovisual de Terrassa

Càlcul I. Problemes

Primera edició: setembre 2016.

DOI: http://dx.doi.org/10.3926/oss.28
ISBN: 978-84-945603-6-1
Editorial: OmniaScience (Omnia Publisher SL), Terrassa, Barcelona

M. Carme Leseduarte
M. Dolors Llongueras
Antoni Magaña
Escola Superior d'Enginyeries Industrial, Aeroespacial i Audiovisual de Terrassa
Colom, 11
08222 Terrassa

Índex

Introducció

Resoldre problemes és essencial en l'aprenentatge de les matemàtiques. Bàsicament, qualsevol enginyer a la seva vida professional es dedicarà a aplicar els seus coneixements a la resolució de problemes de diversa índole. Per tant, és necessari un entrenament previ.

Amb aquest llibre que teniu a les mans pretenem posar a l'abast dels estudiants de les assignatures de Càlcul I i Càlcul Infinitesimal I de l'Escola Superior d'Enginyeries Industrial, Aeroespacial i Audiovisual de Terrassa un recull de problemes i exercicis, suficientment complet i adequat a les seves necessitats, que els faciliti aquest entrenament previ i els permeti assimilar de forma adequada la matèria que s'imparteix a les classes de teoria d'aquestes dues assignatures. Per configurar–lo hem utilitzat problemes d'una versió anterior d'aquesta obra, exercicis dels exàmens de l'assignatura de Càlcul I dels darrers cursos i altres d'inèdits.

El llibre està dividit en sis capítols. Als cinc primers hi ha els enunciats dels problemes dels temes clàssics d'un curs de Càlcul Infinitesimal d'una variable, com són els nombres reals i complexos, l'estudi, derivació i integració de les funcions reals de variable real i les successions i sèries numèriques. Al capítol sis s'inclouen les solucions de tots els exercicis proposats o alguna indicació per a aquells on l'objectiu és realitzar una demostració. Atesa l'estructura quadrimestral del pla d'estudis i el fet que les assignatures s'imparteixen tant el quadrimestre de tardor com el de primavera, i per evitar repeticions que ens poden fer caure en l'apatia, hem elaborat segones versions de la majoria dels problemes. D'aquesta manera, al primer quadrimestre es poden fer, posem per cas, els exercicis imparells, i al segon els parells.

Agraïm la col·laboració dels companys de la Secció de Terrassa del Departament de Matemàtiques per la seva aportació desinteressada de problemes que formen part d'aquest recull.

Terrassa, setembre 2016.

M. C. Leseduarte, M. D. Llongueras i A. Magaña

1

Els nombres

1.1 Els nombres reals

1. Determineu la fracció generatriu irreductible dels nombres racionals següents:

(a) 23.145145145145145...

(b) 3.234553255325532...

(c) 1.999999999999999...

2. Escriviu en forma de fracció els nombres racionals següents:

(a) 37.527527527527527...

(b) 6.195234123412341...

(c) 434.9999999999999...

3. Si $r \in \mathbb{Q}$, aleshores $r^2 \in \mathbb{Q}$. És cert el recíproc?

4. Entre $\sqrt{2}$ i $\sqrt{5}$, quants enters hi ha?, quants racionals?, quants irracionals?

5. Sabem que $x, y \in \mathbb{Q} \Longrightarrow x+y \in \mathbb{Q}$ i $xy \in \mathbb{Q}$. És cert també que $x, y \in \mathbb{R}-\mathbb{Q} \Longrightarrow x+y \in \mathbb{R}-\mathbb{Q}$ i $xy \in \mathbb{R}-\mathbb{Q}$?

6. Demostreu que $\sqrt{3}$ i $\sqrt{2}+\sqrt{3}$ no són racionals.

7. Resoleu les inequacions següents:

(a) $x^2+x+1 \geq 0$.

(b) $x^2 \leq 5x-6$.

(c) $x^2 > 6x-9$.

(d) $x^3-4x^2-7x+10 > 0$.

(e) $-x^2-4x-6 > -2$.

8. Determineu els valors de x que satisfan les desigualtats següents:

(a) $(x-1)(x-3) > 0$.

(b) $5-x^2 < 8$.

(c) $-9x^2-3x+2 \leq 0$.

(d) $-\frac{1}{3}x^2+\frac{2}{3}x+1 > 0$.

(e) $x^3+2x^2-x-2 \leq 0$.

9. Resoleu les inequacions següents:

(a) $\frac{1}{x}+\frac{1}{1-x} > 0$.

(b) $\frac{x-1}{x+1} > 0$.

(c) $\frac{2}{x}+\frac{5}{3-x} \leq 0$.

10. Determineu els valors de x que compleixen les desigualtats següents:

(a) $\frac{2}{x}-\frac{2}{x-2} < 0$.

(b) $\frac{x-1}{x+1} \geq 3$.

(c) $\frac{2}{x}+\frac{6}{4-x} \leq 0$.

11. Determineu els valors de $\alpha \in \mathbb{R}$ de manera que les arrels de l'equació $x^2+\alpha x-\alpha+\frac{5}{4}=0$ siguin nombres reals.

12. Trobeu els valors de $\beta \in \mathbb{R}$ de manera que les arrels de l'equació $x^2+\beta x-\beta+\frac{5}{4}=0$ siguin nombres complexos.

13. Comproveu que si x i y són nombres positius, aleshores $\sqrt{x+y} < \sqrt{x} + \sqrt{y}$. És cert que $x < y \Longrightarrow x^2 < y^2$?

14. Demostreu que

$$a, b \in \mathbb{R},\ 0 < a < b \Longrightarrow a < \sqrt{ab} < \frac{a+b}{2} < b.$$

15. Transformeu les condicions geomètriques següents a condicions algebraiques:

(a) x és 10 o -10.

(b) La distància de x a 0 és inferior a 5.

(c) x està entre -4 i 4, ambdós inclosos.

(d) x equidista de 2 i de -6.

16. Convertiu les condicions geomètriques següents a condicions algebraiques:

(a) y és 12 o -12.

(b) La distància de y a 0 és inferior a 3.

(c) y està entre -5 i 5, ambdós inclosos.

(d) y equidista de 4 i de -3.

17. En una certa refineria, després de fer un seguiment exhaustiu, han arribat a la conclusió que la producció diària estimada, p, verifica la desigualtat següent:

$$|p - 225000| \leq 125000$$

on p es mesura en barrils de petroli. Segons aquesta informació, calculeu la producció diària màxima i mínima.

18. Una màquina selecciona les taronges de la categoria II si el seu pes està comprès entre 200 i 210 grams. Doneu una estimació del nombre de taronges que hi haurà en una caixa de 25 kg.

19. Esbrineu els valors de x que compleixen les igualtats següents:

(a) $|x-1| = |x-2|$.

(b) $\left|\dfrac{x+1}{x-2}\right| = 2$.

(c) $|x-1| \cdot |x+1| = 0$.

20. Determineu el valor, o valors, de x que compleixen les igualtats següents:

(a) $|x-3| = |x-5|$.

(b) $\left|\dfrac{x-3}{x+4}\right| = \dfrac{1}{2}$.

(c) $|x+5| \cdot |x-6| = 0$.

21. Resoleu les inequacions següents:

(a) $|2-3x| \leq 10$.

(b) $|1-x^2| \geq 4$.

(c) $|x^2-5x+3| \leq -2$.

(d) $|x^2-7x+8| < 2$.

(e) $|x^2-2x-10| \geq 5$.

22. Determineu els valors de x que satisfan les desigualtats següents:

(a) $|x-3| < 8$.

(b) $|4x-5| \geq 13$.

(c) $|1-x^2| \leq 3$.

(d) $|x^2-5x+3| \leq 3$.

(e) $|x^2-5x+5| \geq 1$.

23. Resoleu les inequacions següents:

(a) $|x-1| < |x+2|$.

(b) $|x+2|-|x| > 2$.

(c) $|1-x|+|x+1| \leq 4$.

(d) $||x|-2| < 1$.

(e) $|x+2|-|x-2| < 2$.

24. Determineu els valors de x que satisfan les inequacions següents:

(a) $|x+1| < |x|$.

(b) $|x+2|-|x| \geq 1$.

(c) $|2x-1| < |x-1|$.

(d) $|1+x|+|1-x| > 3$.

(e) $|x+2|+|x-2| \leq 10$.

1.2 Els nombres complexos

25. Expresseu de forma binòmica els nombres següents:

(a) $\sqrt{-25}$.

(b) $\sqrt{\dfrac{-64}{729}}$.

(c) $\sqrt{-81}$.

(d) i^{47}.

(e) i^{54}.

26. Escriviu de forma binòmica els complexos següents:

(a) $\sqrt{-9}$.

(b) $\sqrt{-36}$.

(c) $\sqrt{\dfrac{-9}{16}}$.

(d) i^{29}.

(e) i^{36}.

27. Expresseu de forma trigonomètrica i polar els nombres complexos següents:

(a) $1+i$.

(b) $-3\,i$.

(c) 7.

(d) $-1-\sqrt{3}\,i$.

(e) $-12+4\sqrt{3}\,i$.

28. Escriviu els nombres complexos següents de forma trigonomètrica i polar:

(a) $\sqrt{2}+\sqrt{2}\,i$.

(b) -6.

(c) $7\,i$.

(d) $3-\sqrt{3}\,i$.

(e) $-4-4\sqrt{3}\,i$.

29. Calculeu:

(a) $(4+3i)(3-2i)$.

(b) $(\sqrt{2}+3i)^2$.

(c) $(-3+2i)(5-4i)-(6-i)(3-2i)$.

(d) $\dfrac{(2-3i)i}{(2+3i)(1+i)}-\dfrac{3+i}{4(2-i)}$.

30. Calculeu:

(a) $(\sqrt{27}+\sqrt{3}\,i)(\sqrt{3}-\sqrt{27}\,i)$.

(b) $(4+\sqrt{3}\,i)^2$.

(c) $(2-3i)(1-2i)+(5-3i)(-1+2i)$.

(d) $\dfrac{3}{i}+\dfrac{4}{2-i}+\dfrac{i}{2+i}$.

31. Determineu x i y $(x,y\in\mathbb{R})$ de manera que es compleixi:

(a) $(x+2i)(4-yi)=18-i$.

(b) $\dfrac{x+19i}{-5+yi}=3-2i$.

32. Calculeu els valors de x i de y $(x,y\in\mathbb{R})$ que satisfan les igualtats següents:

(a) $(x+yi)^2=8+yi$.

(b) $\dfrac{x+7i}{-4+yi}=\dfrac{29-22i}{25}$.

33. Esbrineu el valor del número real a de manera que el producte $(3+2i)(a+6i)$ sigui un número:

(a) real,

(b) imaginari pur.

34. Determineu $x\in\mathbb{R}$ de manera que el quocient $\dfrac{3-2xi}{4-3i}$ sigui:

(a) un número real.

(b) un número imaginari pur.

35. Calculeu el valor de $\rho \in \mathbb{R}$ de manera que el resultat del quocient $\dfrac{3+\rho i}{2\rho - i}$ sigui un número que tingui el seu afix en la bisectriu del segon quadrant.

36. Determineu el valor de $\alpha \in \mathbb{R}$ de manera que el resultat del quocient $\dfrac{3+\alpha i}{2\alpha - i}$ sigui un número que tingui el seu afix en la bisectriu del primer quadrant.

37. Trobeu un nombre complex que, multiplicat per i, doni un altre nombre complex de mòdul 5, part real 3 i situat en el quart quadrant.

38. Doneu un nombre complex que, multiplicat per i, doni un altre nombre complex de mòdul 5, part real -3 i situat en el segon quadrant.

39. Determineu un número complex que sumat amb el seu invers doni 1.

40. Quina condició han de complir els arguments de dos nombres complexos perquè el seu quocient sigui real? I perquè sigui imaginari pur?

41. Demostreu que si z té mòdul 1, $z \neq 1$, aleshores $z' = \dfrac{1+z}{1-z}$ és imaginari pur; és a dir, $\mathrm{Re}(z')=0$.

42. Proveu que si z té mòdul 1, aleshores el seu conjugat coincideix amb el seu invers.

43. Determineu el mòdul i l'argument de $(1+i\sqrt{3})^8$.

44. Trobeu el valor de l'expressió següent: $(1+i\sqrt{3})^n + (1-i\sqrt{3})^n$.

45. Calculeu $\sqrt[4]{8\sqrt{2} - 8\sqrt{2}\, i}$.

46. Calculeu $\sqrt[4]{-4\sqrt{8} + 4\sqrt{8}\, i}$.

47. Demostreu que $e^{\pi i} + 1 = 0$. (Equació d'*Euler*)

48. Si $\alpha \in \mathbb{R}$, proveu que

$$\cos\alpha = \frac{e^{i\alpha} + e^{-i\alpha}}{2} \quad \text{i} \quad \sin\alpha = \frac{e^{i\alpha} - e^{-i\alpha}}{2i}.$$

49. Escriviu de forma binòmica el nombre $e^{\sqrt{i}}$.

50. Comproveu que $z = 2$ és solució de l'equació

$$z^3 - 8z^2 + 30z - 36 = 0$$

i resoleu–la en $\mathbb{C}$ donant el resultats de forma polar.

51. Resoleu les equacions següents i descomponeu en factors primers els polinomis del terme de l'esquerra de l'equació:

(a) $z^2 + 2iz + 3 = 0$.
(b) $(-2+i)z^2 + (3+i)z + 2 - 6i = 0$.
(c) $z^3 - 2z^2 - 6z - 8 = 0$.

52. Resoleu les equacions següents i descomponeu en factors primers els polinomis del terme de l'esquerra de l'equació:

(a) $z^2 - 3iz + 4 = 0$.
(b) $(1+i)z^2 + (4+2i)z + (2-2i)(1+i) = 0$.
(c) $z^3 - 5z^2 + 8z - 6 = 0$.

53. Resoleu les equacions següents:

(a) $z^4 + 16 = 0$.
(b) $z^6 - 2z^3 + 2 = 0$.
(c) $z^3 = -1 + i$.

54. Calculeu els valors de z que verifiquen les equacions següents:

(a) $z^4 - 16 = 0$.
(b) $z^6 - 28z^3 + 27 = 0$.
(c) $(z+1)^3 + i(z-1)^3 = 0$.

55. Trobeu totes les arrels dels polinomis següents i descomponeu–los en factors primers amb coeficients reals.

(a) $x^4 + x^2 + 1$.
(b) $z^4 - 6z^2 + 25$.

56. Determineu totes les arrels dels polinomis següents i descomponeu–los en factors primers amb coeficients reals.

(a) x^3+27.
(b) z^8-3z^4-4.

57. Calculeu la suma següent i expresseu el resultat de forma binòmica: $\sum_{n=1}^{100} i^n$.

58. Determineu els valors de $n \in \mathbb{N}$ pels quals $(1+i)^n$ és un número real positiu.

59. Una arrel quarta d'un nombre complex w val $\frac{\sqrt{2}}{4}+i\frac{\sqrt{2}}{4}$.

(a) Trobeu aquest nombre complex i les altres tres arrels quartes.
(b) Doneu un polinomi de quart grau amb coeficients reals tal que les seves arrels siguin les de l'apartat (a).

60. Una arrel cúbica d'un nombre complex z és $1-i$. Determineu aquest nombre complex i les altres dues arrels cúbiques.

61. Sabem que dues de les arrels d'un polinomi de grau 4 a coeficients reals són: i, $2-i$. Calculeu les altres arrels i el polinomi.

62. Determineu totes les arrels de l'equació $z^4+1=0$ i calculeu després la seva suma. Descomponeu el polinomi en factors primers a coeficients reals.

63. Sabent que $z+\frac{1}{z}=2\cos t$, trobeu $z^n+\frac{1}{z^n}$.

64. Determineu totes les solucions de l'equació: $z^5=\bar{z}$.

65. Resoleu en $\mathbb{C}$ l'equació: $z^3=\bar{z}^2$.

66. Per a cadascun dels polinomis següents, calculeu l'àrea del polígon regular determinat pels afixos de les seves arrels:

(a) $p(z)=z^4+z^2+1$.
(b) $q(z)=z^4+4$.
(c) $t(z)=z^6+1$.

67. Sigui $q \in \mathbb{R}^+$. Donada l'equació

$$z(z+4)(z^2+4z+4+4q^2)=0,$$

determineu el valor de q de manera que les solucions de l'esmentada equació formin un quadrat en el pla complex. Calculeu–ne l'àrea.

68. Considereu $z(z^2-4z+4+p^2)=0$, on $p\in\mathbb{R}^+$. Calculeu l'àrea del triangle que determinen les seves solucions. Per a quin valor de p tenim un triangle rectangle?

69. Sabem que el centre d'un hexàgon regular és el nombre complex $z=0$ i que un dels vèrtexs és el nombre $z_1=1-i$.

(a) Determineu les coordenades $z_2, z_3, \ldots, z_6$ dels altres vèrtexs de l'hexàgon.

(b) Calculeu $(z_i)^6$, amb $1\leq i\leq 6$.

70. El centre d'un quadrat és el nombre complex $z=0$, si sabem que un dels vèrtexs és el nombre $z_1=2+3i$. Determineu els altres vèrtexs.

1.3 Miscel·lània

71. Trobeu, si existeixen, fites superiors i inferiors, màxim, mínim, suprem, ínfim i punts d'acumulació dels subconjunts de $\mathbb{R}$ següents:

(a) $A=\{\,x\in\mathbb{R}\,:\,x^2-x-1<0\,\}$.

(b) $B=\{\,x=\dfrac{1}{n}+(-1)^n\,:\,n\in\mathbb{N}\,\}$.

(c) $C=\{\,x=\dfrac{1}{n}\,:\,n\in\mathbb{N}\,\}$.

(d) $D=\{\,x\in\mathbb{R}\,:\,-3x^2+10x-3>0\,\}$.

(e) $E=\{\,x=2^{-p}+3^{-q}+5^{-r}\,:\,p,q,r\in\mathbb{N}\,\}$.

(f) $F=\{\,x=\dfrac{1}{n}\,:\,n\in\mathbb{N}\,\}\cup\{\,x=\dfrac{n-1}{n}\,:\,n\in\mathbb{N}\,\}$.

(g) $G=\{\,x\in\mathbb{R}\,:\,x^2-1<0\,\}\cup\{\,x\in\mathbb{R}\,:\,x=2+\frac{1}{n},\quad n\in\mathbb{N}\,\}$.

72. Trobeu la relació entre els nombres reals a, b, c i d, per tal que les arrels de l'equació $z^2+(a+bi)z+c+di=0$ tinguin el mateix argument.

73. Considereu el polinomi $p(x)=x^5+x^4+x^3+x^2+x+1$.

(a) Trobeu les seves arrels en $\mathbb{C}$.

(b) Descomponeu $p(x)$ en factors primers a coeficients reals.

(c) Considereu ara el polinomi $q(x) = x^7 + x^6 + x^5 + x^4 + x^3 + x^2 + x + 1$. Trobeu les seves arrels complexes i descomponeu-lo en factors primers a coeficients reals.

1.4 Breu resum teòric i fórmules d'ús freqüent

Operacions

Per a tot $a, b, c \in \mathbb{R}$:

- $a < b \Longrightarrow a + c < b + c \quad \text{i} \quad a - c < b - c.$
- $a < b \quad \text{i} \quad c < d \Longrightarrow a + c < b + d.$
- $a < b \Longrightarrow \begin{cases} ac < bc & \text{si} \quad c > 0 \\ ac > bc & \text{si} \quad c < 0 \end{cases}$
- $0 < a < b \Longrightarrow \frac{1}{a} > \frac{1}{b} > 0.$
- $a < 0 < b \Longrightarrow \frac{1}{a} < 0 < \frac{1}{b}.$
- $a < b < 0 \Longrightarrow 0 > \frac{1}{a} > \frac{1}{b}.$

Valor absolut d'un nombre real

$$|x| = \begin{cases} x & \text{si} \quad x \geq 0 \\ -x & \text{si} \quad x < 0 \end{cases} \qquad \text{per a tot } x \in \mathbb{R}.$$

$|x| = \max\{x, -x\}.$

$|x| = \sqrt{x^2}.$

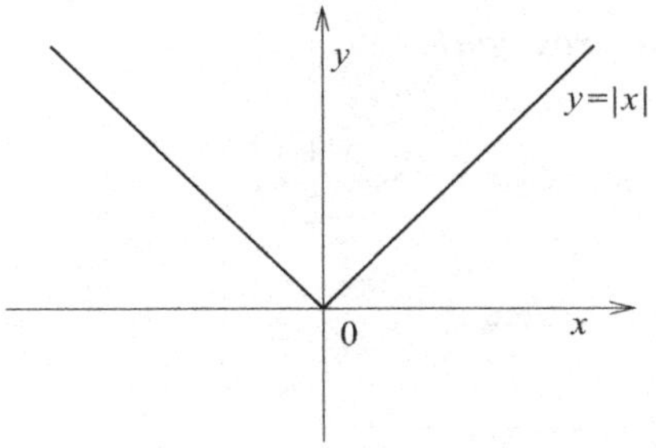

Propietats

Per a tot $x, y \in \mathbb{R}$:

- $|x| \geq 0, \quad |x| = 0 \Longleftrightarrow x = 0.$
- $|x| = |-x|.$
- $(*) \begin{cases} \text{Si } c > 0, & |x| < c \Longleftrightarrow -c < x < c. \\ \text{Si } c \geq 0, & |x| \leq c \Longleftrightarrow -c \leq x \leq c. \end{cases}$
- $|x| \geq c \Longleftrightarrow \begin{cases} x \in \mathbb{R}, & \text{si } c \leq 0. \\ x \geq c \text{ o bé } x \leq -c, & \text{si } c > 0. \end{cases}$
- $-|x| \leq x \leq |x|.$
- $|xy| = |x||y|.$
- $|x+y| \leq |x| + |y| \qquad$ (desigualtat triangular).
- $|x-y| \leq |x| + |y|.$
- $|x-y| \geq ||x| - |y||.$
- $\left|\dfrac{x}{y}\right| = \dfrac{|x|}{|y|} \qquad \text{si } y \neq 0.$
- $|x^n| = |x|^n.$

Distància entre dos nombres reals

Per a tot $x, y \in \mathbb{R}$ la distància entre x i y és $d(x,y) = |x-y| = |y-x|$.

Punt mitjà entre dos nombres reals

El punt mitjà entre els nombres reals x i y és $\dfrac{x+y}{2}$.

Conjugat d'un nombre complex

El conjugat de $z = a + bi \in \mathbb{C}$ és $\bar{z} = a - bi$.

Propietats

Per a tot $z, w \in \mathbb{C}$:

- $\overline{z+w} = \overline{z} + \overline{w}$.
- $\overline{z \cdot w} = \overline{z} \cdot \overline{w}$.
- $\overline{\overline{z}} = z$.
- $z = \overline{z} \iff z \in \mathbb{R}$.
- $z = -\overline{z} \iff z$ és imaginari pur.
- $\mathrm{Re}(z) = \dfrac{z+\overline{z}}{2}$, $\mathrm{Im}(z) = \dfrac{z-\overline{z}}{2}$

Mòdul o valor absolut d'un nombre complex

El mòdul de $z = a + bi \in \mathbb{C}$ es denota per $|z|$ (o bé r) i ve donat per $|z| = \sqrt{a^2+b^2}$.

Propietats

Per a tot $z, w \in \mathbb{C}$:

- $|z| \geq 0, \quad |z| = 0 \iff z = 0$.
- $|zw| = |z||w|$.
- $|z+w| \leq |z| + |w|$. (Desigualtat triangular)
- $|z| = |\overline{z}| = |-z| = |-\overline{z}|$
- $|\mathrm{Re}\, z| \leq |z|, \quad |\mathrm{Im}\, z| \leq |z|$.
- $|z| = \sqrt{z \cdot \overline{z}}$.
- $z \cdot \overline{z} = |z|^2$.
- $\dfrac{1}{z} = \dfrac{\overline{z}}{|z|^2}$, si $z \neq 0$.
- $\dfrac{z}{|z|}$ té mòdul 1.

Distància entre dos nombres complexos

Per a tot $z, w \in \mathbb{C}$ la distància entre z i w és $d(z,w) = |z-w| = |w-z|$.

Argument d'un nombre complex

Sigui $z \in \mathbb{C}$, $z = a+bi \neq 0$, amb $r = |z|$. L'argument principal de z és $\alpha \in [0, 2\pi)$ tal que

$$a = r\cos\alpha, \qquad b = r\sin\alpha.$$

També podem considerar la determinació de l'argument $\alpha \in (-\pi, \pi]$.

Arrels enèsimes d'un nombre complex

Siguin $z = r_\alpha \in \mathbb{C}$ i $n \in \mathbb{N}$. Les arrels enèsimes de z són

$$\sqrt[n]{r}_{\left(\frac{\alpha}{n}+\frac{2\pi k}{n}\right)} \qquad \text{per a } k = 0, 1, \ldots, n-1.$$

Forma exponencial d'un nombre complex: fórmula d'Euler

Per a tot $z \in \mathbb{C}$ es té $e^{iz} = \cos z + i\sin z$.

En particular, si $z = a+bi$ aleshores

$$e^z = e^{a+bi} = e^a \cdot e^{bi} = e^a(\cos b + i\sin b).$$

L'utilitzarem molt sovint en la forma

$$e^{i\alpha} = \cos\alpha + i\sin\alpha, \qquad \text{per a tot } \alpha \in \mathbb{R}.$$

Raons trigonomètriques d'alguns angles

α radiants	α graus	$\sin\alpha$	$\cos\alpha$	$\text{tg}\,\alpha$
0	**0**	0	1	0
$\frac{\pi}{6}$	**30**	$\frac{1}{2}$	$\frac{\sqrt{3}}{2}$	$\frac{\sqrt{3}}{3}$
$\frac{\pi}{4}$	**45**	$\frac{\sqrt{2}}{2}$	$\frac{\sqrt{2}}{2}$	1
$\frac{\pi}{3}$	**60**	$\frac{\sqrt{3}}{2}$	$\frac{1}{2}$	$\sqrt{3}$
$\frac{\pi}{2}$	**90**	1	0	--

2

Funcions

2.1 Generalitats

1. Trobeu el domini de les funcions següents:

(1) $f(x)=\sqrt{x^2-5x+6}$.

(2) $f(x)=\dfrac{4x-3}{\sqrt{6-x^2}}$.

(3) $f(t)=\dfrac{2-7t}{\sqrt[3]{t^3+1}}$.

(4) $f(x)=\dfrac{\ln(x-1)}{\sqrt{\operatorname{cosec} x}}$.

(5) $f(x)=\sqrt[4]{x-|x^2-6|}$.

(6) $f(u)=\dfrac{\sqrt{4-|2u-2|}}{(u-1)^2}$.

(7) $f(t)=\dfrac{1}{\ln\left(1-|t^2-2t-1|\right)}$.

(8) $f(x)=\dfrac{x^2}{x-|x|}$.

(9) $f(x)=\sqrt{\dfrac{2-x}{4+3x-x^2}}$.

(10) $f(u)=\ln\dfrac{u^2+5u-6}{(u+4)(u-6)}$.

2. Determineu el domini de les funcions següents:

(1) $f(x)=\sqrt{x^3+3x^2-4}$.

(2) $f(x)=\dfrac{\sin^2 x}{\sqrt{3-x^2}}$.

(3) $f(x)=\dfrac{\ln(x^2-5x+4)}{\sqrt[3]{x-6}}$.

(4) $f(u)=\sqrt{\dfrac{u^2-5u-6}{u+2}}$.

(5) $f(t)=\dfrac{t}{\sqrt{|t-2|}}$.

(6) $f(x)=\dfrac{1}{\sin x+\cos x}$.

(7) $f(x)=4x-\sqrt[4]{2x-|x^2-15|}$.

(8) $f(t)=\ln\dfrac{(t+3)(6-t)}{10-3t-t^2}$.

(9) $f(u)=\dfrac{1}{\ln\left(u^2-|u|\right)}$.

(10) $f(x)=\dfrac{1}{\ln\left(\sin x\right)}$.

3. Estudieu la paritat i determineu el domini de les funcions següents:

(a) $f(x)=\dfrac{3x}{x^2-5}$.

(b) $f(t)=\dfrac{\sqrt{4-t^2}}{t^2-1}$.

(c) $f(u)=\dfrac{u+3}{u}$.

(d) $f(x)=\cos x$.

(e) $f(x)=\operatorname{tgh} x$.

4. Discutiu la paritat i calculeu el domini de les funcions següents:

(a) $f(t)=\dfrac{\sqrt{9-t^2}}{t^2-4}$.

(b) $f(x)=\dfrac{x}{x^2+x}$.

(c) $f(u)=\dfrac{\sin u}{u^2-1}$.

(d) $f(x)=\cosh x$.

(e) $f(x)=\operatorname{tg} x$.

5. Demostreu les relacions següents:

(a) $\cosh^2 x - \sinh^2 x = 1, \ \forall x \in \mathbb{R}.$

(b) $\cosh x \geq 1, \ \forall x \in \mathbb{R}.$

(c) $\operatorname{tgh} a + \operatorname{tgh} b = \dfrac{\sinh(a+b)}{\cosh a \, \cosh b}, \ \forall a, b \in \mathbb{R}.$

(d) $2\sinh 2x = (\sinh x + \cosh x)^2 - (\sinh x - \cosh x)^2, \ \forall x \in \mathbb{R}.$

6. Verifiqueu les relacions següents:

(a) $\cosh 2x = \cosh^2 x + \sinh^2 x, \ \forall x \in \mathbb{R}.$

(b) $-1 < \operatorname{tgh} x < 1, \ \forall x \in \mathbb{R}.$

(c) $\cosh a + \cosh b = 2 \, \cosh \dfrac{a+b}{2} \, \cosh \dfrac{a-b}{2}, \ \forall a, b \in \mathbb{R}.$

(d) $2\sinh^2 \dfrac{x}{2} = \cosh x - 1, \ \forall x \in \mathbb{R}.$

7. Donada la funció $f(x) = \dfrac{1}{1-x}$, calculeu f^2, f^3, f^4, f^5 i f^6, on f^k és la composició de la funció f amb ella mateixa k vegades. Què es pot deduir de f^n, per a cada $n \in \mathbb{N}$?

8. Escriviu un exemple de funcions reals $f(x)$ i $g(x)$ tals que existeixi $g \circ f$ i en canvi no tingui sentit $f \circ g$.

9. Considereu les funcions $f(x) = \sqrt{2-x}$ i $g(x) = -x^2 + 2$. Determineu la composició $g \circ f$ i el seu domini.

10. Siguin les funcions $f(x) = \ln(2x+6)$ i $g(x) = 6 - e^x$. Calculeu la composició $g \circ f$ i el seu domini.

2.2 Funció inversa

11. Estudieu el domini, la injectivitat, l'expressió analítica de la inversa i la imatge de les funcions següents:

(a) $f(x) = \dfrac{2x+1}{x-3}.$

(b) $g(x) = 2\ln(3 - e^x).$

12. Determineu el domini, la injectivitat, l'expressió analítica de la inversa i la imatge de les funcions següents:

(a) $f(x) = \dfrac{2x+5}{3x-1}$.

(b) $g(x) = \ln(5 - e^{x/3})$.

13. Trobeu les inverses de les funcions següents als intervals on sigui possible i dibuixeu la funció i la seva inversa:

(a) $f(x) = \sinh x$.

(b) $g(x) = \cosh(-2x)$.

(c) $h(x) = -2\mathrm{tgh}\,(3x)$.

14. Estudieu les inverses de les funcions següents als intervals on sigui possible i dibuixeu la funció i la seva inversa:

(a) $f(x) = \sinh(3x)$.

(b) $g(x) = \cosh x$.

(c) $h(x) = 3\mathrm{tgh}\,(-x)$.

2.3 *Gràfiques de funcions, corbes i conjunts al pla*

15. Sigui $f(x)$ una funció amb gràfica

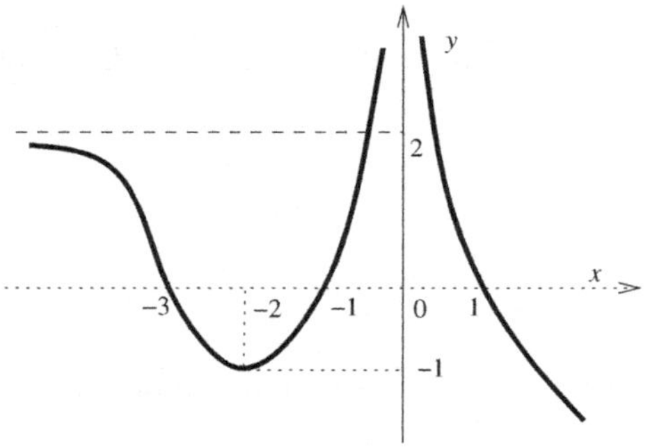

(a) Dibuixeu la gràfica de $f(x+2)$ i $f(x-2)$.

(b) Feu un esbós de la gràfica de $|f(x)|$, $\dfrac{1}{f(x)}$ i de $2f(x)$.

16. Sigui $f(x)$ una funció amb gràfica

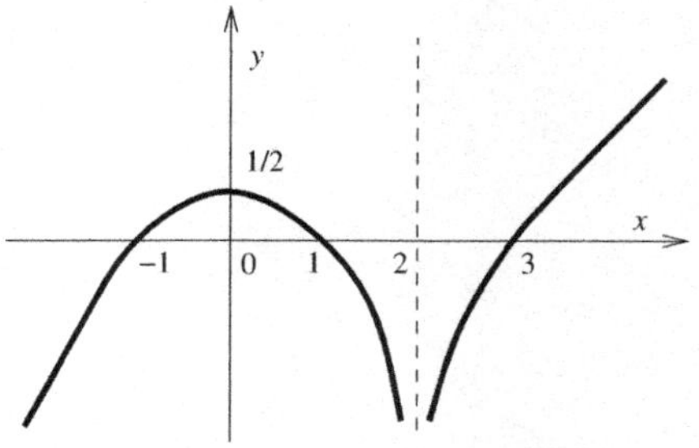

(a) Feu un esbós de la gràfica de $f(x+1)$ i $f(x-1)$.

(b) Dibuixeu la gràfica de $|f(x)|$, $\dfrac{1}{f(x)}$ i de $4f(x)$.

17. A partir de la gràfica de $y = x^2$, deduïu la gràfica de les funcions següents:

(a) $y = x^2 + 1$

(b) $y = 2x^2$

(c) $y = \dfrac{x^2}{4}$

(d) $y = \dfrac{1}{x^2}$

(e) $y = |x^2 - 1|$

(f) $y = 4 - x^2$

(g) $y = (x-1)^2$

18. Considerant la gràfica de $y = e^x$, obteniu la gràfica de les funcions següents:

(a) $y = e^{2x}$

(b) $y = e^{-x}$

(c) $y = \frac{-1}{4} e^x$

(d) $y = e^{x+1}$

(e) $y = e^x + 1$

19. A partir de la gràfica de $y = \sin x$ feu un esbós de les gràfiques de:

(a) $\sin x + 1$.

(b) $\sin x - 2$.

(c) $3\sin x$.

(d) $-2\sin x$.

(e) $\sin(x + \frac{\pi}{4})$.

(f) $\sin(x - \frac{\pi}{4})$.

(g) $\sin 2x$.

(h) $\sin(\frac{x}{2})$.

(i) $\dfrac{1}{\sin x}$.

(j) $|\sin x|$.

20. Feu el mateix que el problema anterior però ara amb la funció $\cos x$.

21. Dibuixeu les corbes a $\mathbb{R}^2$ definides per les equacions següents:

(a) $x^2 + y^2 - 1 = 0$.

(b) $xy = 0$.

(c) $x^2 - y^2 = 0$.

(d) $y^2 - x = 0$.

(e) $x^3 + xy^2 - x = 0$.

(f) $x^3 - y = 0$.

22. Dibuixeu les corbes a $\mathbb{R}^2$ definides per les equacions següents:

(a) $xy - 1 = 0$.

(b) $x^2 + y^2 = 0$.

(c) $x^2 - y^2 - 1 = 0$.

(d) $y - \sqrt{x} = 0$.

(e) $x^3 = 0$.

(f) $y^4 - 1 = 0$.

23. Dibuixeu els conjunts de punts $(x, y) \in \mathbb{R}^2$ tals que

(a) $x^2 + y^2 > 9$.

(b) $x^2 + y^2 \leq 16$.

(c) $(x-1)^2+y^2 \leq 1$ i $y \leq x$.
(d) $y \geq e^{2x}$.
(e) $xy < 0$.
(f) $y \leq x^2$ i $x+4y \leq 4$.

24. Dibuixeu els conjunts de punts $(x,y) \in \mathbb{R}^2$ tals que

(a) $x^2+y^2 < 4$.
(b) $x^2+y^2 \geq 1$.
(c) $x^2+(y+2)^2 \leq 4$ i $y \leq -x$.
(d) $y \leq -e^{-x}$.
(e) $xy > 0$.
(f) $x \leq y^2$ i $2x+y \geq 6$.

2.4 Coordenades polars

25. Escriviu en coordenades polars cadascuna de les equacions següents i digueu quina corba és.

(a) $y=4$
(b) $y=x$
(c) $(x-2)^2+y^2=9$
(d) $x^2-y^2=16$
(e) $x^2+y^2+8y=0$
(f) $3x-y=5$

26. Passeu a coordenades polars cadascuna de les equacions següents i digueu quina corba és.

(a) $x=3$
(b) $y=-x$
(c) $x^2-2x+y^2+4y=0$
(d) $3x^2=12+3y^2$
(e) $2x-3y+1=0$
(f) $x^2+y^2-4x=0$

27. Doneu en coordenades cartesianes les equacions següents i identifiqueu les corbes.

(a) $r = 3$

(b) $r = 4\cos\alpha$

(c) $\alpha^2 = \left(\frac{\pi}{2}\right)^2$

(d) $\alpha = \frac{2\pi}{3}$

(e) $r = \frac{4}{1-\cos\alpha}$

(f) $r = \frac{5}{\sin\alpha}$

(g) $r^2 = \frac{5}{\cos 2\alpha}$

28. Expresseu en coordenades cartesianes les equacions següents i digueu quines corbes representen.

(a) $r = 4$

(b) $r = 6\sin\alpha$

(c) $\alpha^2 = \pi^2$

(d) $\alpha = \frac{3\pi}{4}$

(e) $r = \frac{8}{1-\sin\alpha}$

(f) $r = \frac{6}{\cos\alpha}$

(g) $r = \frac{3}{2-\sin\alpha}$

29. Feu un esbós de les corbes següents donades en coordenades polars i digueu quines corbes són.

(a) $r = 7$

(b) $r = \alpha$

(c) $\alpha = \frac{\pi}{3}$

(d) $r = 2(1-\cos\alpha)$

(e) $r = \cos 2\alpha$

(f) $r = \sin 3\alpha$

(g) $r = 2 + 3\sin\alpha$

(h) $r^2 = \cos\alpha$

(i) $r^2 = 9\sin^2\alpha$

30. Dibuixeu les corbes següents donades en coordenades polars i identifiqueu–les.

(a) $r = 8$

(b) $r = \alpha$

(c) $\alpha = \dfrac{2\pi}{3}$

(d) $r = 3(1-\sin\alpha)$

(e) $r = \sin 2\alpha$

(f) $r = \cos 3\alpha$

(g) $r = 1+3\cos\alpha$

(h) $r^2 = \sin\alpha$

(i) $r^2 = 4\cos^2\alpha$

31. Expresseu la corba $(x^2+y^2)^2 = 4xy$ en coordenades polars, digueu quina corba és i feu un esbós de la seva gràfica.

32. Doneu la corba $(x^2+y^2)^2 = 8(x^2-y^2)$ en coordenades polars, digueu quina corba és i dibuixeu la seva gràfica.

2.5 Límits i continuïtat

33. A la figura següent teniu la gràfica d'una certa funció f.

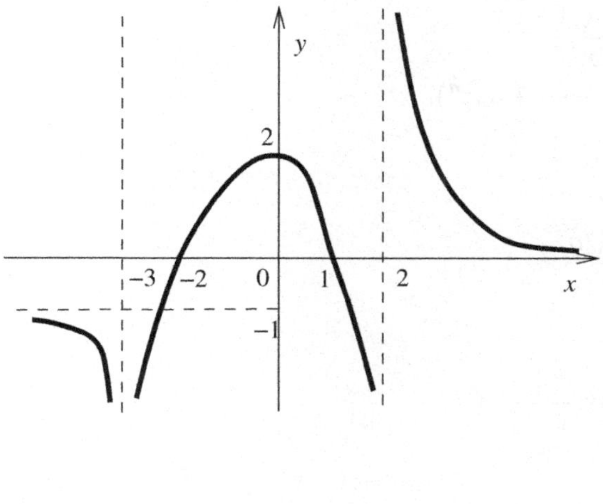

Sigui $g = \dfrac{1}{f}$. Determineu els límits següents:

$$\lim_{x\to -3} g(x), \quad \lim_{x\to -2} g(x), \quad \lim_{x\to 0} g(x), \quad \lim_{x\to +\infty} g(x) \quad \text{i} \quad \lim_{x\to -\infty} g(x),$$

i feu un esbós de la gràfica de g.

34. Sigui f una certa funció amb gràfica:

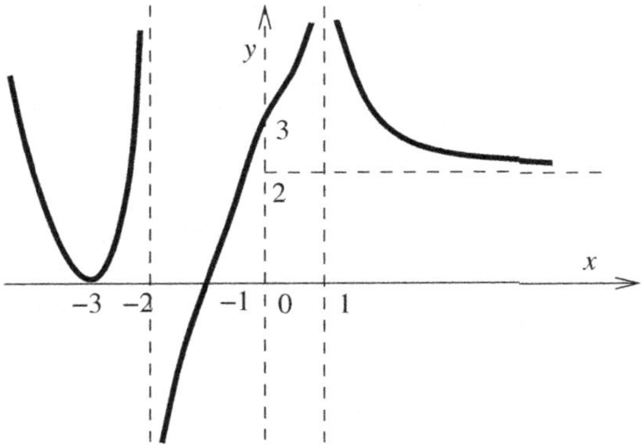

Considereu $g = \dfrac{1}{f}$. Determineu els límits següents:

$$\lim_{x\to -3} g(x), \quad \lim_{x\to -2} g(x), \quad \lim_{x\to -1} g(x), \quad \lim_{x\to 0} g(x), \quad \lim_{x\to +\infty} g(x) \quad \text{i} \quad \lim_{x\to -\infty} g(x),$$

i feu un esbós de la gràfica de g.

35. Calculeu els límits següents:

(a) $\displaystyle\lim_{x\to 0} x \sin \frac{1}{x^2}$.

(b) $\displaystyle\lim_{x\to 0} \frac{\sqrt{1+2x} - \sqrt{1+3x}}{x+2x^2}$.

(c) $\displaystyle\lim_{x\to +\infty} (a_o + a_1 x + \cdots + a_n x^n)$.

(d) $\displaystyle\lim_{u\to +\infty} \frac{\sqrt{u} - u}{\sqrt{u} + u}$.

(e) $\displaystyle\lim_{x\to 0} \frac{\sqrt{a+x} - \sqrt{a}}{x}$.

(f) $\displaystyle\lim_{t\to +\infty} e^{-t} \sin t$.

(g) $\displaystyle\lim_{x\to 1} \left(x - \frac{1}{x}\right) \cos \frac{1}{x-1}$.

36. Calculeu els límits següents:

(a) $\lim_{x\to+\infty} \frac{1}{x}\sin\left(\ln\frac{1}{x}\right)$.

(b) $\lim_{x\to+\infty}\left(\sqrt{x+\sqrt{x}}-\sqrt{x-\sqrt{x}}\right)$.

(c) $\lim_{x\to a}\frac{x^n-a^n}{x-a}$.

(d) $\lim_{u\to+\infty}\frac{u-3}{u^2+1}\cos u$.

(e) $\lim_{x\to 0}\frac{x}{\sqrt{1+x}-\sqrt{1-2x}}$.

(f) $\lim_{x\to+\infty} e^{-x}\cos x$.

(g) $\lim_{t\to 0^+}\frac{\sqrt{t}+t}{\sqrt{t}-t}$.

37. Dibuixeu una funció $f(x)$ que compleixi els requisits següents:

- talla l'eix d'abscisses només en $x=0$ i $x=1$;
- té una discontinuïtat evitable en $x=5$;
- $\lim_{x\to 2^-} f(x)=+\infty$, $\lim_{x\to 2^+} f(x)=-\infty$, $\lim_{x\to+\infty} f(x)=1$ i $\lim_{x\to-\infty} f(x)=0$.

38. Feu l'esbós de la gràfica d'una funció $f(x)$ que compleixi les condicions següents:

- talla la recta $y=1$ només en els punts $x=1, x=2$ i $x=4$;
- en $x=-3$ té una discontinuïtat evitable;
- $\lim_{x\to 0^-} f(x)=+\infty$, $\lim_{x\to 0^+} f(x)=-\infty$, $\lim_{x\to+\infty} f(x)=1$ i $\lim_{x\to-\infty} f(x)=-2$.

39. Estudieu la continuïtat de les funcions següents

(a) $f(x)=\begin{cases} e^{\frac{-1}{x(x-2)}} & \text{si} \quad x>1 \\ e^{\frac{-1}{x^2}} & \text{si} \quad x\le 1 \end{cases}$

(b) $f(x)=\begin{cases} -1 & \text{si} & x\le 0 \\ ax+b & \text{si} & 0<x<1 \\ 1 & \text{si } x\ge 1 \end{cases}$

(c) $f(x)=\begin{cases} \sin\dfrac{1}{x} & \text{si} \quad x\neq 0 \\ 0 & \text{si} \quad x=0 \end{cases}$

(d) $f(x)=\begin{cases} |x+a| & \text{si} \quad x\leq a \\ 2|a| & \text{si} \quad x>a \end{cases}$

(e) $f(x)=x^2\ln|x|$ (admeteu que $\ln x<x, \forall x>0$).

40. Estudieu la continuïtat de les funcions següents:

(a) $f(x)=\begin{cases} \dfrac{1}{x^2-4} & \text{si} \quad x<0 \\ \\ \dfrac{x^2-3x+2}{x-1} & \text{si} \quad x\geq 0 \end{cases}$

(b) $f(x)=\begin{cases} \sin x & \text{si} \quad x<\frac{\pi}{2} \\ ax+2 & \text{si} \quad x\geq\frac{\pi}{2} \end{cases}$

(c) $f(x)=\begin{cases} x\sin\frac{1}{x} & \text{si} \quad x\neq 0 \\ 0 & \text{si} \quad x=0 \end{cases}$

(d) $f(x)=\begin{cases} \cos\dfrac{\pi}{2}(x-1) & \text{si} \quad |x|\leq 1 \\ |x-1| & \text{si} \quad |x|>1 \end{cases}$

(e) $f(x)=\dfrac{1}{1-e^{1/x}}$

41. Demostreu que per algun $x\in\mathbb{R}$ es compleix la igualtat

$$x^{183}+\frac{134}{1+x^4+\cos^2 x}=113.$$

42. Demostreu que l'equació $2x^4-14x^2+14x-1=0$ té quatre solucions reals.

43. Expliqueu per què podem afirmar que l'equació $x^2=x\sin x+\cos x$ té almenys dues solucions reals.

44. Proveu que la funció

$$f(x)=5+\left(\frac{3x}{10\pi}\right)^4-\cos\frac{x}{2}+x\sin\frac{x}{2}$$

és parella i té com a mínim 4 arrels reals.

45. Determineu el nombre exacte d'arrels reals de les equacions següents i localitzeu–les.

(a) $2\cos x = x^2 + 1$
(b) $3\ln x = (x-1)^4$

46. Trobeu el nombre exacte d'arrels reals de les equacions següents i localitzeu–les.

(a) $e^x = 4\sqrt{x}$
(b) $8\sin x = x^3$

47. Es compleix la conclusió del teorema de *Bolzano* per a la funció

$$f(x) = \frac{x^2 - 2x + 1}{x - 1}$$

a l'interval $[0,2]$? Si la resposta és afirmativa, trobeu un punt de l'interval on s'anul·li la funció, i si és negativa justifiqueu–la.

48. Sigui la funció

$$g(x) = \begin{cases} \dfrac{x^2 - 3x + 2}{x - 1} & \text{si} \quad x < 1, \\ -7 + 6x - x^2 & \text{si} \quad x \geq 1. \end{cases}$$

(a) Trobeu, si existeixen, els seus extrems absoluts en $[-4,4]$ i la imatge de l'interval $[-4,4]$.
(b) Podem afirmar que l'equació $g(x) = 0$ té solució en $[-4,4]$?

49. Esbrineu amb un error inferior a 0.01 les solucions de les equacions següents:

(a) $x^3 = 3x - 3$
(b) $x = e^x - 2$

50. Determineu amb un error inferior a 0.01 les arrels de les equacions següents:

(a) $3x^3 + 1 = x^3(x^2 - 1)$
(b) $2x - \ln x = 4$

51. Trobeu el màxim i el mínim absoluts de la funció següent a l'interval $[-2,2]$

$$f(x) = \begin{cases} -x + 2 & \text{si} \quad x > 1 \\ 2x - 1 & \text{si} \quad x \leq 1. \end{cases}$$

52. Calculeu els extrems absoluts de la funció següent a l'interval $[-1,3]$

$$f(x) = \begin{cases} -(x-2)^2+2 & \text{si} \quad x \leq 2 \\ 3-x & \text{si} \quad x > 2. \end{cases}$$

53. Determineu els extrems absoluts de la funció $f(x) = 1 - e^x$ a l'interval $[-1,3]$.

54. Estudieu el màxim i el mínim absoluts de la funció $f(x) = 3 - e^{-x}$ a l'interval $[-2,1]$.

55. Comproveu que la funció $f(x) = \dfrac{2x}{x-1}$ no té màxim ni mínim a l'interval $[0,4]$. Contradiu això el teorema de *Weierstrass*?

56. És possible tenir una funció contínua en un interval tancat tal que el seu màxim sigui igual al seu mínim?

57. És cert el teorema de *Weierstrass* si l'interval és obert i no tancat?

58. Podríem trobar una funció que tingui màxim i mínim en un interval tancat, però que no sigui contínua en aquest interval?

2.6 Miscel·lània

59. Trobeu el domini i el recorregut de la funció $f(x) = \dfrac{nx^2}{1+x^2}$ per a cada $n \in \mathbb{N}$.

60. Doneu exemples de funcions $f(x)$ amb domini $\mathbb{R}$ tals que

(a) $f(x)$ sigui contínua només en un punt,
(b) $f(x)$ no sigui contínua a cap punt, però tal que el seu valor absolut sigui continu en $\mathbb{R}$.

61. Sigui f una funció contínua en $[a,b]$ que només pren valors racionals. Què podem dir de f?

62. Si f i g són funcions contínues en l'interval $[a,b]$ amb $f(a) < g(a)$ i $f(b) > g(b)$, demostreu que $f(x) = g(x)$ per algun $x \in [a,b]$.

63. Si f és contínua a l'interval $[0,1]$ i $f(x) \in [0,1]$, $\forall x \in [0,1]$, demostreu que $f(x) = x$ per algun $x \in [0,1]$.

2.7 Breu resum teòric i fórmules d'ús freqüent

Paritat d'una funció

- f és senar si $f(x) = -f(-x)$, $\forall x \in D(f)$.
- f és parell si $f(x) = f(-x)$, $\forall x \in D(f)$.

Criteris per al càlcul de límits

- **Criteri zero per fitada**
  Siguin $f(x)$ i $g(x)$ funcions tals que $\lim_{x\to a} f(x) = 0$ i $g(x)$ és fitada en un entorn del punt a. Aleshores
  $$\lim_{x\to a} f(x)g(x) = 0.$$
  Observació: $a \in \mathbb{R} \cup \{-\infty, +\infty\}$.
- **Criteri de l'entrepà**
  Siguin $f(x), g(x)$ i $h(x)$ funcions tals que $f(x) < g(x) < h(x)$ en un entorn del punt a.
  $$\text{Si } \lim_{x\to a} f(x) = \lim_{x\to a} h(x) = L, \text{ aleshores } \lim_{x\to a} g(x) = L.$$
  Observació: $a \in \mathbb{R} \cup \{-\infty, +\infty\}$, $L \in \mathbb{R} \cup \{-\infty, +\infty\}$.

Raons trigonomètriques

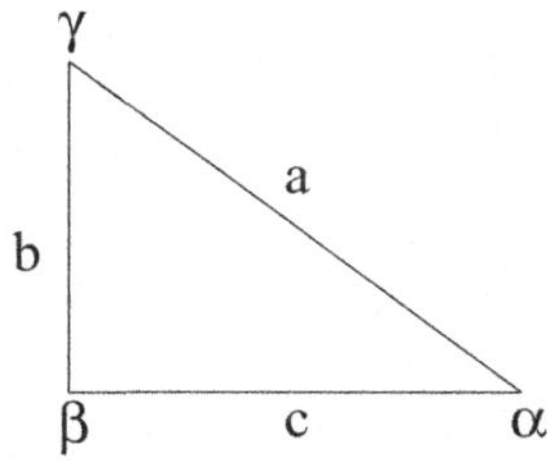

$$\sin\alpha = \frac{b}{a}, \qquad \operatorname{cosec}\alpha = \frac{a}{b}$$
$$\cos\alpha = \frac{c}{a}, \qquad \sec\alpha = \frac{a}{c}$$
$$\operatorname{tg}\alpha = \frac{b}{c}, \qquad \operatorname{cotg}\alpha = \frac{c}{b}$$

Considerem un cercle de radi 1. A cada punt P del cercle se li assigna un angle $x \in [0, 2\pi)$ i unes coordenades de manera que l'abscissa és el cosinus que designem per $\cos x$, i l'ordenada és el sinus que designem per $\sin x$.

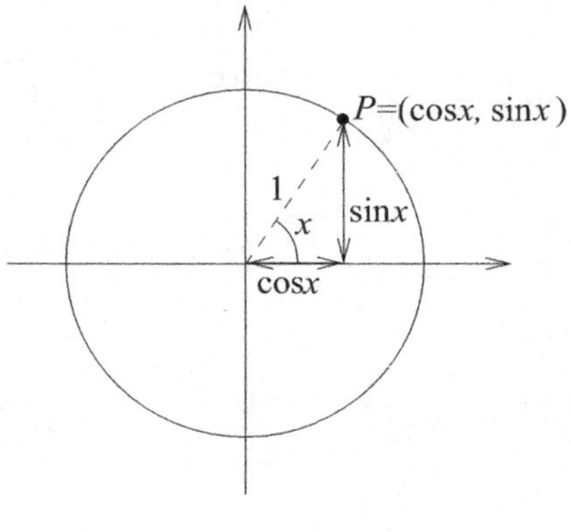

- $\sin^2\alpha + \cos^2\alpha = 1.$

Raons trigonomètriques de la suma d'angles:

- $\sin(\alpha \pm \beta) = \sin\alpha\,\cos\beta \pm \cos\alpha\,\sin\beta.$
- $\cos(\alpha \pm \beta) = \cos\alpha\,\cos\beta \mp \sin\alpha\,\sin\beta.$
- $\operatorname{tg}(\alpha \pm \beta) = \dfrac{\operatorname{tg}\alpha \pm \operatorname{tg}\beta}{1 \mp \operatorname{tg}\alpha\,\operatorname{tg}\beta}.$

Raons trigonomètriques de l'angle doble:

- $\sin 2\alpha = 2\sin\alpha\,\cos\alpha.$
- $\cos 2\alpha = \cos^2\alpha - \sin^2\alpha = 1 - 2\sin^2\alpha = 2\cos^2\alpha - 1.$
- $\operatorname{tg} 2\alpha = \dfrac{2\operatorname{tg}\alpha}{1 - \operatorname{tg}^2\alpha}.$
- $\sin^2\alpha = \dfrac{1 - \cos 2\alpha}{2}.$
- $\cos^2\alpha = \dfrac{1 + \cos 2\alpha}{2}.$

Raons trigonomètriques de l'angle meitat:

- $\sin\dfrac{\alpha}{2} = \pm\sqrt{\dfrac{1 - \cos\alpha}{2}} \qquad \left(\begin{array}{l} \text{signe } + \text{ si } \frac{\alpha}{2} \text{ està al I o II quadrants} \\ \text{signe } - \text{ si } \frac{\alpha}{2} \text{ està al III o IV quadrants} \end{array} \right).$
- $\cos\dfrac{\alpha}{2} = \pm\sqrt{\dfrac{1 + \cos\alpha}{2}} \qquad \left(\begin{array}{l} \text{signe } + \text{ si } \frac{\alpha}{2} \text{ està al I o IV quadrants} \\ \text{signe } - \text{ si } \frac{\alpha}{2} \text{ està al II o III quadrants} \end{array} \right).$
- $\operatorname{tg}\dfrac{\alpha}{2} = \pm\sqrt{\dfrac{1 - \cos\alpha}{1 + \cos\alpha}} \qquad \left(\begin{array}{l} \text{signe } + \text{ si } \frac{\alpha}{2} \text{ està al I o III quadrants} \\ \text{signe } - \text{ si } \frac{\alpha}{2} \text{ està al II o IV quadrants} \end{array} \right).$

Transformació de sumes de raons trigonomètriques en productes i viceversa:

- $\sin\alpha+\sin\beta=2\,\sin\dfrac{\alpha+\beta}{2}\,\cos\dfrac{\alpha-\beta}{2}.$
- $\sin\alpha-\sin\beta=2\,\cos\dfrac{\alpha+\beta}{2}\,\sin\dfrac{\alpha-\beta}{2}.$
- $\cos\alpha+\cos\beta=2\,\cos\dfrac{\alpha+\beta}{2}\,\cos\dfrac{\alpha-\beta}{2}.$
- $\cos\alpha-\cos\beta=-2\,\sin\dfrac{\alpha+\beta}{2}\,\sin\dfrac{\alpha-\beta}{2}.$
- $\sin\alpha\,\sin\beta=\dfrac{1}{2}\Big[\cos(\alpha-\beta)-\cos(\alpha+\beta)\Big].$
- $\cos\alpha\,\cos\beta=\dfrac{1}{2}\Big[\cos(\alpha-\beta)+\cos(\alpha+\beta)\Big].$
- $\sin\alpha\,\cos\beta=\dfrac{1}{2}\Big[\sin(\alpha-\beta)+\sin(\alpha+\beta)\Big].$

Funcions Hiperbòliques

Definició de les funcions hiperbòliques:

- $\sinh x=\dfrac{e^x-e^{-x}}{2}.$
- $\cosh x=\dfrac{e^x+e^{-x}}{2}.$
- $\operatorname{tgh} x=\dfrac{\sinh x}{\cosh x}=\dfrac{e^x-e^{-x}}{e^x+e^{-x}}.$
- $\operatorname{cosech} x=\dfrac{1}{\sinh x}=\dfrac{2}{e^x-e^{-x}}.$
- $\operatorname{sech} x=\dfrac{1}{\cosh x}=\dfrac{2}{e^x+e^{-x}}.$
- $\operatorname{cotgh} x=\dfrac{1}{\operatorname{tgh} x}=\dfrac{e^x+e^{-x}}{e^x-e^{-x}}.$

Relacions entre les funcions hiperbòliques:

- $\cosh^2 x - \sinh^2 x = 1$.
- $\operatorname{sech}^2 x + \operatorname{tgh}^2 x = 1$.
- $\operatorname{cotgh}^2 x - \operatorname{cosech}^2 x = 1$.

Relacions hiperbòliques de la suma d'arguments:

- $\sinh(a \pm b) = \sinh a \cosh b \pm \cosh a \sinh b$.
- $\cosh(a \pm b) = \cosh a \cosh b \pm \sinh a \sinh b$.
- $\operatorname{tgh}(a \pm b) = \dfrac{\operatorname{tgh} a \pm \operatorname{tgh} b}{1 \pm \operatorname{tgh} a \operatorname{tgh} b}$.

Relacions hiperbòliques de l'argument doble:

- $\sinh 2a = 2 \sinh a \cosh a$.
- $\cosh 2a = \cosh^2 a + \sinh^2 a = 2\cosh^2 a - 1 = 1 + 2\sinh^2 a$.
- $\operatorname{tgh} 2a = \dfrac{2\operatorname{tgh} a}{1 + \operatorname{tgh}^2 a}$.
- $\sinh^2 a = \dfrac{\cosh(2a) - 1}{2}$.
- $\cosh^2 a = \dfrac{\cosh(2a) + 1}{2}$.

Relacions hiperbòliques de l'argument meitat:

- $\sinh \dfrac{a}{2} = \pm\sqrt{\dfrac{\cosh a - 1}{2}}$ (signe $+$ si $a \geq 0$, signe $-$ si $a < 0$).
- $\cosh \dfrac{a}{2} = \sqrt{\dfrac{\cosh a + 1}{2}}$
- $\operatorname{tgh} \dfrac{a}{2} = \pm\sqrt{\dfrac{\cosh a - 1}{\cosh a + 1}}$ (signe $+$ si $a \geq 0$, signe $-$ si $a < 0$).

Transformació de sumes de relacions hiperbòliques en productes i viceversa:

- $\sinh a + \sinh b = 2\,\sinh\frac{a+b}{2}\,\cosh\frac{a-b}{2}$.
- $\sinh a - \sinh b = 2\,\cosh\frac{a+b}{2}\,\sinh\frac{a-b}{2}$.
- $\cosh a + \cosh b = 2\,\cosh\frac{a+b}{2}\,\cosh\frac{a-b}{2}$.
- $\cosh a - \cosh b = 2\,\sinh\frac{a+b}{2}\,\sinh\frac{a-b}{2}$.
- $\sinh a\,\sinh b = \frac{1}{2}\Big[\cosh(a+b) - \cosh(a-b)\Big]$.
- $\cosh a\,\cosh b = \frac{1}{2}\Big[\cosh(a+b) + \cosh(a-b)\Big]$.
- $\sinh a\,\cosh b = \frac{1}{2}\Big[\sinh(a+b) + \sinh(a-b)\Big]$.

3

Derivació

3.1 Concepte de derivada. Operacions

1. Calculeu la derivada de les funcions següents i simplifiqueu el resultat:

(1) $y = \ln \sqrt{\dfrac{1-\sqrt{x}}{1+\sqrt{x}}}$.

(2) $y = \arcsin \sqrt{\dfrac{1+x}{1-x}}$.

(3) $y = \ln \sin x$.

(4) $y = \dfrac{1}{4} \ln \dfrac{x-1}{x+1} - \dfrac{1}{2} \operatorname{arctg} x + x$.

(5) $y = (2x)^x$.

(6) $y = \ln \sqrt{\sin(e^{11})}$.

(7) $y = \dfrac{1}{\sinh^2 x} - \dfrac{1}{x}$.

(8) $y = \dfrac{1}{\cosh^2 x + 3 - \sinh^2 x}$.

(9) $y = \sin \left[\operatorname{arctg} x + \operatorname{arccotg} x\right]$.

(10) $y = x^{x^{x}}$.

2. Determineu la derivada de les funcions següents i simplifiqueu el resultat:

(1) $y = \ln \sqrt[3]{\dfrac{1+\sin x}{1-\sin x}}$.

(2) $y = \operatorname{arctg} \sqrt{\dfrac{1-x}{1+x}}$.

(3) $y = \ln \sinh x$.

(4) $y = 2\ln(x+1) - \dfrac{1}{x+1} + \operatorname{arctg} x$.

(5) $y = x^{3x}$.

(6) $y = \sqrt[3]{e^{\operatorname{tg} 5}}$.

(7) $y = \dfrac{1}{x} - \dfrac{1}{\cosh^2 x}$.

(8) $y = \dfrac{2}{\cos^2 x + 4 + \sin^2 x}$.

(9) $y = \ln\left[\arcsin x + \arccos x\right]$.

(10) $y = (\sin x)^{x^x}$.

3. Verifiqueu que les funcions següents satisfan les equacions diferencials ordinàries donades:

(a) $y = x^2 e^{-x}$; $x^2 y'' - 4xy' + 6y = x^4 e^{-x}$.
(b) $y = C_1 e^{3x} + C_2 e^{-5x}$; $y'' + 2y' - 15y = 0$.
(c) $y = e^{2x}\left(A\cos x + B\sin x\right)$; $3y''' - 13y'' + 19y' - 5y = 0$.

4. Comproveu que les funcions següents satisfan les equacions diferencials ordinàries donades:

(a) $y = x^2 \ln x$; $x^2 y'' - 3xy' + 4y = 0$.
(b) $y = C_1 e^{-2x} + C_2 e^{4x}$; $y'' - 2y' - 8y = 0$.
(c) $y = e^{-3x}\left(A\cos x + B\sin x\right)$; $2y''' + 11y'' + 14y' - 10y = 0$.

5. Estudieu en quins punts són derivables les funcions següents:

(a) $f(x) = 3x - |x+5|$.
(b) $f(x) = |\ln x|$.
(c) $f(x) = \dfrac{\sqrt{x+2}}{x}$.

6. Determineu en quins punts són derivables les funcions següents:

(a) $f(x) = |x| - \sqrt[3]{x^2 - 2x - 8}$.

(b) $f(x) = \dfrac{\sqrt[4]{x+5}}{\ln|x|}$.

(c) $f(x) = |e - e^{-x}|$.

7. Estudieu la continuïtat i la derivabilitat de la funció:

$$f(x) = \begin{cases} x\operatorname{arctg}\dfrac{1}{x} & \text{si} \quad x \neq 0 \\ 0 & \text{si} \quad x = 0 \end{cases}$$

8. Donada la funció

$$f(x) = \begin{cases} x^2 \sin\dfrac{1}{x} & \text{si} \quad x \neq 0 \\ 0 & \text{si} \quad x = 0 \end{cases}$$

calculeu $f'(0)$ i estudieu la continuïtat de f'.

9. Sigui

$$f(x) = \begin{cases} x^4 \sin\dfrac{1}{x} & \text{si} \quad x \neq 0 \\ 0 & \text{si} \quad x = 0 \end{cases}$$

Demostreu que f és dues vegades derivable en $x = 0$, però que f'' no és contínua.

10. Considereu la funció

$$f(x) = \begin{cases} x^2\operatorname{arctg}\dfrac{1}{x} & \text{si} \quad x \neq 0 \\ 0 & \text{si} \quad x = 0 \end{cases}$$

(a) És contínua en $\mathbb{R}$?

(b) És de classe C^1 en $\mathbb{R}$ (és a dir, és f' contínua en $\mathbb{R}$)?

(c) És dues vegades derivable en $\mathbb{R}$?

11. Estudieu la derivabilitat de la funció

$$f(x) = \begin{cases} \dfrac{x}{2 - e^{\frac{1}{x}}} & \text{si} \quad x \neq 0 \\ 0 & \text{si} \quad x = 0 \end{cases}$$

12. Discutiu la derivabilitat de la funció

$$f(x) = \begin{cases} \dfrac{1}{e^{1/x^3} - e} & \text{si} \quad x \neq 0 \\ 0 & \text{si} \quad x = 0 \end{cases}$$

13. Trobeu els valors de a i b per als quals la funció

$$f(x) = \begin{cases} \dfrac{1}{|x|} & \text{si} \quad x \leq -1 \\ a + bx^2 & \text{si} \quad x > -1 \end{cases}$$

és derivable a tot $\mathbb{R}$.

14. Determineu els valors de a i b per tal que la funció

$$f(x) = \begin{cases} (x-1)^2 \sin \dfrac{1}{x-1} & \text{si} \quad x < 1 \\ x^2 + ax + b & \text{si} \quad x \geq 1 \end{cases}$$

sigui derivable a tot $\mathbb{R}$

15. Donada la funció

$$f(x) = \begin{cases} |x-1| - |x+1| & \text{si} \quad x < 1 \\ \dfrac{a}{x} + b & \text{si} \quad x \geq 1 \end{cases}$$

(a) Estudieu la continuïtat i la derivabilitat de f segons els paràmetres a i b. Per als apartats següents utilitzeu els valors de a i b de manera que f sigui derivable.

(b) Determineu la injectivitat de f.

(c) Definiu f^{-1} als intervals on sigui possible.

(d) Escriviu l'expressió analítica de $\dfrac{1}{f(x)}$ i dibuixeu la seva gràfica.

16. Donada la funció

$$f(x) = \begin{cases} |x-2| - |x+1| & \text{si} \quad x < 2 \\ -ax^2 + 2b & \text{si} \quad x \geq 2 \end{cases}$$

(a) Discutiu la continuïtat i la derivabilitat de f segons els paràmetres a i b. Per als apartats següents utilitzeu els valors de a i b de manera que f sigui derivable.

(b) Representeu $f(x)$.

(c) Especifiqueu la imatge (o recorregut) de $f(x)$.

(d) Deduïu el domini de la funció $g(x) = \sqrt{f(x)}$.

(e) Feu un esbós de la gràfica de $h(x) = \dfrac{1}{f(x)}$.

3.2 Aplicacions geomètriques i físiques de la derivada

17. Trobeu les coordenades del punt de la corba $y=(x-2)^2$ en què la tangent és perpendicular a la recta $2x-y+2=0$.

18. Determineu l'equació de la paràbola d'eix vertical que és tangent a la recta $y=x$ en el punt $(1,1)$.

19. Calculeu els valors de a, b i c per als quals les gràfiques de $f(x)=x^2+ax+b$ i $g(x)=x^3-c$ es tallen al punt $(1,2)$ i tenen la mateixa tangent en aquest punt.

20. Esbrineu els coeficients A, B, C i D per tal que la corba $y=Ax^3+Bx^2+Cx+D$ sigui tangent a la paràbola $y=3x^2-10$ en el punt $(2,2)$ i normal a la recta $y=\frac{1}{4}-\frac{1}{4}x$ en el punt $(1,0)$.

21. Sigui $f(x)=\sqrt{2x-x^2}$.

(a) Doneu un punt de la gràfica de $f(x)$ on la recta tangent sigui horitzontal.

(b) Demostreu que per a tot $a\in\mathbb{R}$ existeix algun punt de la gràfica de $f(x)$ on la recta tangent corresponent té pendent a.

22. Trobeu el punt de la corba $y^2=2x^3$ en què la tangent és perpendicular a la recta $4x-3y+2=0$.

23. Calculeu l'àrea del triangle determinat per l'eix d'abscisses i les rectes tangent i normal a la corba d'equació $y=\sqrt{x}$ en el punt $(4,2)$.

24. Les rectes tangent i normal a la funció $f(x)=x^2$ al punt d'abscissa $x=2$ determinen amb l'eix OY un triangle. Calculeu-ne l'àrea.

25. Un ciclista i un tren s'aproximen a una cruïlla seguint trajectòries perpendiculars. En el moment que equidisten de la intersecció, el ciclista estima que la distància entre ell i el tren està disminuint a raó de 40 milles per hora. Si la rapidesa amb què es mou el ciclista és de 15 milles per hora, amb quina rapidesa s'està movent el tren?

26. Una corona cilíndrica de masa $m=1$ kg té radi interior r_1 i radi exterior r_2. El seu moment d'inèrcia respecte d'un eix que passa pel centre del cilindre paral·lel a la generatriu és $I=\frac{1}{2}m\left(r_1^2+r_2^2\right)$. Trobeu la velocitat amb què varia I en l'instant en què els radis són 6 i 8 cm respectivament, si els dos radis augmenten a raó de 2 cm/s.

27. En un cert instant l'altura d'un cilindre és 100 cm i el seu radi 20 cm. Determineu el coeficient de variació del volum en aquest instant si l'altura disminueix a raó de 5 cm/s i el seu radi augmenta a raó de 8 cm/s.

28. El volum d'un cub decreix a raó de 2 cm^3/minut. Trobeu el coeficient de variació d'una aresta del cub quan el volum és exactament 64 cm^3. Quin és, en aquest mateix instant, el coeficient de variació de la superfície del cub?

29. Una partícula es mou sobre la hipèrbola $y = 10/x$ de forma que en el punt $(5,2)$ l'abscissa x augmenta a raó d'una unitat per segon. Amb quina velocitat varia la seva ordenada?

30. En quin punt de la paràbola $y^2 = 18x$ l'ordenada creix el doble que l'abscissa?

3.3 Regla de la cadena i funció inversa

31. Siguin les funcions

$$f(x) = \begin{cases} (x-1)^2 \sin \dfrac{1}{x-1} + 5x - 5 & \text{si} \quad x \neq 1 \\ 0 & \text{si} \quad x = 1 \end{cases}$$

i $g(x)$ tal que $g(0) = 1$ i $g'(x) = (2x+1)\cos 3x$. Calculeu $(f \circ g)'(0)$.

32. Donades les funcions

$$f(x) = \begin{cases} (x+2)^2 \text{arctg}\, \dfrac{1}{x+2} - \sin(\pi x) & \text{si} \quad x \neq -2 \\ 0 & \text{si} \quad x = -2 \end{cases}$$

i $g(x)$ tal que $g(0) = -2$ i $g'(x) = (x^2-3)e^x$, calculeu $(f \circ g)'(0)$.

33. Determineu les equacions de les rectes tangent i normal a l'astroide $x = \cos^3 t,\ y = \sin^3 t$ en el punt corresponent a $t = \dfrac{\pi}{4}$.

34. Doneu les equacions de les rectes tangent i normal a la cicloide $x = t - \sin t,\ y = 1 - \cos t$ en el punt corresponent a $t = \dfrac{\pi}{2}$.

35. A partir de la derivada de la funció $y = \text{cotg}\, x$ deduïu la derivada de la seva funció inversa.

36. Considerant la derivada de la funció $y = \text{tgh}\, x$ deduïu la derivada de la seva funció inversa.

3.4 Derivació implícita

37. Trobeu l'equació de la recta normal a la gràfica de la corba $\cos x = 2x(1+\operatorname{tg} y)$ en el punt $(\frac{\pi}{2}, \frac{3\pi}{4})$.

38. Esbrineu els punts de l'el·lipse $x^2+4y^2=8$ on la recta tangent té pendent 1.

39. L'equació $x^2-xy+y^2=3$ representa una *el·lipse girada*, és a dir, una el·lipse tal que els seus eixos no són paral·lels als eixos coordenats. Determineu els punts en què aquesta el·lipse talla l'eix d'abscisses i demostreu que les rectes normals en aquests punts són paral·leles.

40. Trobeu l'àrea del quadrilàter format per les rectes tangents i normals a l'astroide $x^{\frac{2}{3}}+y^{\frac{2}{3}}=2$ en els punts d'abscissa $x=1$.

41. Determineu les equacions de les rectes tangent i normal a la corba d'equació

$$x^3-axy+3ay^2=3a^3$$

al punt (a,a).

42. Sigui la corba d'equació $2\left(x^2+y^2\right)^2=25xy$.

(a) Trobeu l'equació de la recta tangent a aquesta corba en el punt $(1,2)$.
(b) Escriviu l'equació de la corba en coordenades polars i identifiqueu–la.
(c) A partir de l'equació en coordenades polars, calculeu la variació del radi respecte de l'angle en el punt de coordenades cartesianes $(1,2)$.

43. Calculeu l'angle d'intersecció entre les corbes $(x-1)^2+y^2=10$ i $x^2+(y-2)^2=5$.

44. Determineu l'angle d'intersecció de les còniques $x^2+4y^2+8y=4$ i $x^2-y^2-2y-4=0$.

45. Siguin les corbes $y^2=2px+p^4$ i $y^2=p^4-2px$.

(a) Determineu el valor de p de manera que es tallin formant un angle de 45 graus.
(b) Hi ha algun valor de p per al qual són perpendiculars?

46. Considereu les corbes $C_1 : x^2-\sin(xy+ax)=y$ i $C_2 : x^2+\sin(xy+2x)=y$ on $a\in\mathbb{R}$.

(a) Esbrineu el valor de a de manera que C_1 i C_2 siguin ortogonals en el punt $(0,0)$.

(b) Calculeu l'àrea del triangle format per la recta $y = -3$ i les rectes tangent i normal a la corba C_2 en el punt $(0,0)$.

47. La torre de control de l'aeroport de París segueix la trajectòria del *Concorde*. Sigui $x(t)$ la seva distància en km a la torre en funció del temps $t \geq 0$ en segons. Suposem que el *Concorde* vola en direcció als EEUU i que la relació entre la distància i el temps ve donada per

$$x^2 + t^2 x = t^3 + \frac{1}{4}.$$

(a) Quina és la velocitat $\dfrac{dx}{dt}$ a l'instant t?

(b) A quina distància de la torre es troba al cap de 2 segons?

(c) Quina és l'acceleració $\dfrac{d^2x}{dt^2}$ per a $t = 2$?

48. Una partícula segueix una certa trajectòria donada per l'equació

$$x^3 + tx^2 = 1 + 3x^2$$

on $x(t)$ representa la distància a l'origen mesurada en metres i $t \geq 0$ el temps en segons.

(a) Determineu la distància a l'origen, la velocitat i l'acceleració per a $t = 3$ s.

(b) Calculeu la velocitat en un instant $t \geq 0$.

3.5 Teoremes del valor mitjà i aplicacions

49. Quantes arrels reals té el polinomi $x^3 + 2x^2 + 2x + 6$? Justifiqueu la resposta. Per a cada una de les arrels trobeu la seva part entera.

50. Determineu el nombre d'arrels reals de $P(x) = x^{2n+1} + ax - a$, si $a > 0$ i $n \in \mathbb{N}$. Justifiqueu la resposta. Per a cada una de les arrels trobeu la seva part entera.

51. Quantes solucions reals té l'equació $3\ln x = x$? Localitzeu–les. Justifiqueu la resposta.

52. Quantes solucions reals té l'equació $e^x - x = 3$? Localitzeu–les. Justifiqueu la resposta.

53. Demostreu que l'equació $x = 2^{-x}$ té una única solució real i esbrineu la seva part entera.

54. Proveu que l'equació $2x+1=e^{1-x}$ té una única solució real i calculeu la seva part entera.

55. Per a quins valors de a i b la funció x^3+ax+b té inversa global? Feu un esbós de la gràfica de f segons els valors dels paràmetres.

56. Demostreu que per a qualsevol natural n la funció $g_n(x)=x^3-3x+n$ no té dues arrels diferents a l'interval $[0,1]$.

3.6 Màxims i mínims

57. Proveu que de tots els rectangles de perímetre donat P el que té àrea màxima és el quadrat.

58. Trobeu les dimensions d'un rectangle d'àrea màxima inscrit en una circumferència de radi R.

59. Calculeu les dimensions d'un cilindre de volum màxim inscrit en una esfera de radi R.

60. De tots els cilindres tancats de volum V trobeu el que té àrea mínima.

61. Considereu totes les piràmides regulars de base quadrada i de volum $2/3$ m^3.

(a) Trobeu el costat de la base i l'alçària de la que té àrea lateral mínima.
(b) Té sentit parlar de la que té àrea lateral màxima?

62. Volem construir un dipòsit cilíndric tancat d'1 m^3 de capacitat. El material de les bases té un cost de 10 euros/m^2, i el de la superfície lateral costa 8 euros/m^2. Trobeu les dimensions del dipòsit més barat.

63. Determineu el punt de la gràfica de $f(x)=9-x^2$ on la recta tangent forma amb els eixos de coordenades un triangle d'àrea mínima al primer quadrant.

64. Un mirall rectangular de 100 cm $\times$ 60 cm es trenca per un cantó i perd un fragment triangular de 5 cm i 10 cm de catets. Trobeu les dimensions del mirall rectangular més gran que es pot obtenir tallant convenientment el mirall inicial. (Indicació: són dos problemes).

65. El preu d'un diamant és proporcional al quadrat del seu pes. Demostreu que quan es trenca en dues parts (no necessàriament iguals), hi ha una depreciació del seu valor. Calculeu la mida de les dues parts per tal que la depreciació sigui màxima.

66. Es vol construir una finestra en forma de rectangle coronat per un semicercle. El vidre de la part rectangular deixa passar el doble de llum per unitat d'àrea que el vidre de la part semicircular. Deduïu les dimensions que ha de tenir una finestra d'aquestes característiques i de 4 m de perímetre per tal que deixi passar la major quantitat de llum possible.

67. Trobeu el punt de la corba $y = x^3$ més pròxim al punt $(0,1)$.

68. Tenim una cartolina rectangular de costats a i $2a$, i desitgem construir una capsa sense tapa retallant quatre quadrats iguals, un a cada cantonada. Calculeu el costat dels quadrats per tal que el volum de la capsa resultant sigui màxim.

69. Des de l'origen de coordenades disparem un projectil amb una velocitat inicial v_0 i en una direcció que forma un angle α amb l'horitzontal. Suposem nul·la la resistència de l'aire.

(a) Determineu l'angle α de manera que l'abast del tir sigui màxim. Quin és aquest abast?

(b) En aquest cas trobeu l'alçada màxima que assoleix.

70. L'americà John Smith condueix el seu Cadillac per l'autopista amb velocitat constant. Acaba d'omplir el dipòsit, que té una capacitat de 50 litres, a LA. Cada 100 km d'autopista hi ha una gasolinera. Suposem que el consum del vehicle en litres per cada 100 km és funció de la velocitat i ve donat per

$$C(v) = \frac{v^3}{30000} - \frac{7v^2}{1000} + \frac{45v}{100}.$$

¿A quina velocitat a de conduir en John Smith per posar benzina el més lluny possible de LA? Quants km haurà fet quan en posi? (Recordeu que la velocitat a l'autopista ha d'estar entre 60 i 120 km/h.)

71. Amb un cordill de longitud L volem construir un triangle equilàter i un cercle (tallant–lo en dos trossos, si és necessari). Quines dimensions han de tenir el triangle i el cercle perquè la suma de les seves àrees sigui màxima?

72. A un edifici històric del Vallès hi ha una exposició del pintor Pep Pinzell. Entre d'altres, hi ha el famós quadre *Les penes amb pa* que fa 1 metre d'alçada i està situat a 2 metres del terra. A quina distància de la paret s'ha d'allunyar un noi d'1.80 m d'alçada per tal que el seu angle visual sigui el major possible?

73. Un hotel que cobra 60 euros diaris per l'allotjament i l'esmorzar, omple cada dia les 150 habitacions disponibles. Cada 4 euros d'augment en el preu fa que es lloguin 5 habitacions menys. Cada habitació ocupada té un cost de 12 euros al dia. Determineu la tarifa que maximitzarà els beneficis diaris.

74. Es necessita una línia de potència per connectar una estació elèctrica que hi ha a la vora d'un riu, amb una illa situada a 6 km riu amunt i a 1 km de la vora. Calculeu el cost mínim de l'esmentada línia sabent que instal·lar 1 km de cable subfluvial costa 100 000 euros, mentre que la instal·lació d'un cable subterrani només val 80 000 euros per km.

75. Determineu el punt de l'el·lipse $x^2+4y^2=8$ situat al primer quadrant, de manera que la intersecció de la tangent amb els eixos coordenats formi un triangle d'àrea mínima.

76. De totes les rectes amb pendent negatiu que passen pel punt $(1,2)$ ¿té sentit trobar la que determina amb els eixos de coordenades un triangle d'àrea mínima? I la que determina un d'àrea màxima? Si alguna de les respostes és afirmativa, calculeu–la.

77. Justifiqueu l'existència o no d'extrems absoluts per a les funcions següents als intervals que s'indiquen. En cas afirmatiu, trobeu–los.

(a) $f(x)=1-\sqrt[3]{(1-x)^2}$ en $[0,9]$.

(b) $g(x)=x^x$ en $[0.1,+\infty)$.

(c) $h(x)=\dfrac{1-x+x^2}{1+x-x^2}$ en $[0,1]$.

78. Estudieu l'existència d'extrems absoluts de les funcions següents als intervals que s'indiquen. Trobeu–los si és possible.

(a) $f(x)=x^2-4|x|+4$ en $[-3,1]$.

(b) $g(x)=2\operatorname{tg}x-\operatorname{tg}^2x$ en $[0,\pi/2)$.

(c) $h(x)=\operatorname{arctg}\dfrac{1-x}{1+x}$ en $[0,1]$.

3.7 Càlcul de límits. Regles de L'Hôpital

79. Calculeu els límits següents:

(1) $\displaystyle\lim_{x\to 0^+}\frac{\ln x}{\operatorname{cotg}x}$.

(2) $\displaystyle\lim_{x\to 0}\frac{\cosh x-1}{1-\cos x}$.

(3) $\displaystyle\lim_{t\to 0^+}\left(\ln\sin t-\frac{1}{t}\right)$.

(4) $\displaystyle\lim_{x\to 0}\frac{x^2\sin\frac{1}{x}}{\sin x}$.

80. Calculeu els límits següents:

(1) $\lim_{x\to 0}\left(\frac{1}{\sin^2 x}-\frac{1}{x^2}\right)$.

(2) $\lim_{u\to+\infty}\frac{3u-\sin u}{2u+\sin u}$.

(3) $\lim_{x\to 0^+}(x+1)^{\frac{1}{1-x^x}}$.

(4) $\lim_{x\to+\infty}\left(\sqrt{2x+\sqrt{x}}-\sqrt{2x-\sqrt{x}}\right)$.

81. Calculeu els límits següents:

(1) $\lim_{x\to 0}\frac{\operatorname{tg} x-x}{\sin x-x}$.

(2) $\lim_{v\to+\infty}\frac{e^v}{v^n}$.

(3) $\lim_{t\to 1}\left(\frac{t}{t-1}-\frac{1}{\ln t}\right)$.

(4) $\lim_{x\to 0}x^2 e^{1/x^2}$.

82. Calculeu els límits següents:

(1) $\lim_{x\to 0^+}\Big[\ln(1+x)\Big]^x$.

(2) $\lim_{u\to+\infty}(3u+4^u)^{1/u}$.

(3) $\lim_{x\to\frac{\pi}{2}^-}(\operatorname{tg} x)^{\cos x}$.

(4) $\lim_{\alpha\to\pi^-}(\sin\alpha)^{\operatorname{tg}\frac{\alpha}{2}}$.

83. Calculeu els límits següents:

(1) $\lim_{x\to 0}\frac{\sinh x-x}{x-\sin x}$.

(2) $\lim_{x\to 0^+}\left(\frac{1}{x}-\frac{1}{e^x-1}\right)$.

(3) $\lim_{x\to 0^+}\frac{e^{1/x}}{\operatorname{cotg} x}$.

(4) $\lim_{t\to+\infty}\frac{t+\cos t}{2t-\sin t}$.

84. Calculeu els límits següents:

(1) $\lim_{x\to 0}\frac{x^3\cos\frac{1}{x}}{\sin x}$.

(2) $\lim_{t\to 0}\left(\frac{1}{t^2}-\frac{1}{2(1-\cos t)}\right)$.

(3) $\lim_{v\to 0}v^2\ln\frac{1}{v^2}$.

(4) $\lim_{x\to 0^-}\left(\frac{1}{\sin x}+\ln\left(\sinh(-3x)\right)\right)$.

85. Calculeu els límits següents:

(1) $\displaystyle\lim_{x\to 0}\frac{x-\sin x}{x-\operatorname{tg} x}$. (2) $\displaystyle\lim_{x\to+\infty}\left(\sqrt{3x+\sqrt{x}}-\sqrt{3x-\sqrt{x}}\right)$.

(3) $\displaystyle\lim_{u\to+\infty}\frac{u^n}{e^u}$. (4) $\displaystyle\lim_{u\to 0^+}(1+u)^{\ln u}$.

86. Calculeu els límits següents:

(1) $\displaystyle\lim_{x\to\pi/2}(\cos x)^{\operatorname{tg} x}$. (2) $\displaystyle\lim_{x\to+\infty}\left(x^2+3^x\right)^{1/x}$.

(3) $\displaystyle\lim_{\alpha\to\pi/2}(\sin\alpha)^{\operatorname{tg}\alpha}$. (4) $\displaystyle\lim_{x\to\pi^-}(\pi-x)^{\sin x}$.

87. Siguin les funcions $f(x)=20x^4-x^7$ i $g(x)$ tal que $g(0)=g'(0)=g''(0)=g'''(0)=0$, $g^{(4)}(0)=-8$ i $g^{(5)}(0)=3$. Calculeu el límit

$$\lim_{x\to 0}\frac{f(x)}{g(x)}.$$

88. Considereu les funcions $g(x)=x^5+2x^4-5x^3$ i $h(x)$ tal que $h(0)=h'(0)=h''(0)=0$, $h'''(0)=6$, $h^{(4)}(0)=-2$ i $h^{(5)}(0)=23$. Determineu el límit

$$\lim_{x\to 0}\frac{g(x)}{h(x)}.$$

3.8 Fórmula de Taylor. Aplicacions

89. Calculeu la derivada n-èsima de les funcions següents:

(a) $f(x)=\sin x$.

(b) $g(x)=\ln(1+x)$.

90. Obteniu la derivada n-èsima de les funcions donades:

(a) $f(x)=\cos x$.

(b) $g(x)=\dfrac{1}{1+x}$.

91. Digueu quin és el polinomi de *Taylor* de grau 3 en el punt 0 de la funció

$$f(x) = a_0 + a_1 x + a_2 x^2 + a_3 x^3 + \cdots + a_n x^n.$$

92. Suposem que $x = a$ és una arrel amb multiplicitat 4 del polinomi $Q(x)$. Quin és el polinomi de Taylor de grau 3 de $Q(x)$ en el punt a?

93. Trobeu la paràbola que aproxima millor a la funció $f(x) = \sqrt[3]{1+2x}$ a l'origen. Calculeu després l'àrea del triangle format per les rectes tangent i normal a la paràbola anterior en el punt $(0,1)$, i l'eix d'abscisses.

94. Un fil pesant es comporta sota l'acció de la gravetat com una catenària d'equació $y = k\cosh\dfrac{x}{k}$. Demostreu que per a valors petits de x la forma que pren el fil es pot representar per la paràbola $y = k + \dfrac{x^2}{2k}$.

95. Doneu el polinomi de *Taylor* de grau 3 en $a = 0$ de la funció $e^x + x^3 \sin^2 x$.

96. Esbrineu l'equació de la cúbica que aproxima millor en el punt $(0,0)$ a la corba $y = e^x \ln(1+x)$.

97. L'equació de la paràbola $(y-2)^2 = x-1$ defineix y com a funció implícita de x en un entorn del punt $(2,3)$. Determineu el polinomi de *Taylor* de grau 2 d'aquesta funció implícita en $(2,3)$.

98. Doneu l'equació de la paràbola que aproxima millor l'el·lipse $x^2 - xy + y^2 = 3$ en el punt $(1,-1)$.

99. Trobeu la paràbola que aproxima millor a la corba $x^2y^2 + xy = 2$ al punt d'abscissa $x = 1$ i ordenada negativa.

100. Determineu la paràbola que aproxima millor a la corba $x^2 - 4y^2 + 2x - 8y + 4 = 0$ en el punt d'abscissa $x = 2$ al quart quadrant.

101. Sense derivar directament i utilitzant el desenvolupament de *Taylor* d'una funció adequada, discutiu l'existència d'extrem relatiu o punt d'inflexió en el punt $(a, f(a))$ als casos següents:

(a) $f(x) = 1 + x^{80} e^{-x}$, en $a = 0$.

(b) $g(x) = -2x^4 \mathrm{tg}\, x$, en $a = 0$.

(c) $h(x) = 6x^7 \sinh(-x)$, en $a = 0$.

102. Utilitzeu el desenvolupament de *Taylor* d'una funció adequada i discutiu l'existència d'extrem relatiu o punt d'inflexió en el punt $(a, f(a))$ als casos següents:

(a) $f(x) = 3x^6 \sin x$, en $a = 0$.
(b) $g(x) = -2x^{55}\ln(1+x)$, en $a = 0$.
(c) $h(x) = x^{10}\cosh(-x)$, en $a = 0$.

103. Sigui

$$P(x) = \pi + \sqrt{3}(x+2)^{41} - \frac{(x+2)^{42}}{24} + 50(x+2)^{43}$$

el polinomi de *Taylor* de grau 43 d'una certa funció $g(x)$ en el punt $x = -2$.

(a) Calculeu $g(-2), g'(-2), g^{(10)}(-2), g^{(41)}(-2), g^{(42)}(-2)$ i $g^{(47)}(-2)$.
(b) Determineu $P(-2), P'(-2), P^{(10)}(-2), P^{(41)}(-2), P^{(42)}(-2)$ i $P^{(47)}(-2)$.
(c) Té g extrem relatiu o punt d'inflexió en $x = -2$?

104. El polinomi de *Taylor* de grau 38 d'una funció desconeguda $g(x)$ en el punt $x = -3$ és

$$P(x) = \ln 2 - 5(x+3)^{34} + \sqrt{2}(x+3)^{37} - \frac{(x+3)^{38}}{7!}.$$

(a) Calculeu $g(-3), g'(-3), g^{(27)}(-3), g^{(34)}(-3), g^{(36)}(-3), g^{(38)}(-3)$ i $g^{(50)}(-3)$.
(b) Calculeu $P(-3), P'(-3), P^{(27)}(-3), P^{(34)}(-3), P^{(36)}(-3), P^{(38)}(-3)$ i $P^{(50)}(-3)$.
(c) Té g extrem relatiu o punt d'inflexió en $x = -3$?

105. Determineu la concavitat de les funcions $g(x) = f^2(x)$ i $h(x) = f^3(x)$, sabent que $f(x)$ és una funció dues vegades derivable, positiva i còncava amunt en $\mathbb{R}$.

106. Sigui $f(x)$ una funció dues vegades derivable, negativa i còncava avall en $\mathbb{R}$. Esbrineu la concavitat de les funcions $g(x) = f^3(x)$ i $h(x) = f^4(x)$.

107. A partir dels desenvolupaments de Taylor de les funcions e^x, $\sin x$ i $\cos x$ entorn de $a = 0$, proveu que

$$e^{ix} = \cos x + i \sin x.$$

108. Utilitzeu els desenvolupaments de Taylor de les funcions $\sin x$, $\cos x$, $\sinh x$ i $\cosh x$ x entorn de $a = 0$, per comprovar les relacions

$$\sinh(ix) = i\sin x, \quad \cosh(ix) = \cos x.$$

109. Donada la funció $f(x) = x^3 - 2x + \sin x$

(a) escriviu el polinomi, $P_3(x)$, de grau 3 que aproxima millor a f en un entorn de $a = 0$;

(b) fiteu $|f(x) - P_3(x)|$, si $0 < x < 1$.

110. Considereu la funció $f(x) = x^4 + 2x^3 + x^2 + \cos x$.

(a) Calculeu el polinomi, $P_4(x)$, de grau 4 que aproxima millor a f en un entorn de $a = 0$;

(b) fiteu $|f(x) - P_4(x)|$, si $0 < x < 1$.

111. Per a quins valors de x és vàlida l'aproximació $\cos x \simeq 1 - \dfrac{x^2}{2}$ amb un error més petit que $0,0001$?

112. Estimeu l'error comès quan aproximem $f(x) = \sqrt{1+x}$ pel seu polinomi de *Taylor* de grau 2 a l'origen amb $0 \leq x \leq 1$.

113. Quina és la paràbola que aproxima millor la funció $f(x) = \sqrt{1+2x}$ al punt $a = 0$? Demostreu que l'error comès per a $0 < x < 1$ és inferior a $\frac{1}{2}$.

114. Calculeu el grau d'un polinomi de *Taylor* per a la funció $f(x) = \ln(1+x)$ amb $a = 0$, tal que, per a $0 < x < 1$, l'error comès sigui més petit que 10^{-3}.

115. Calculeu el nombre π amb un error més petit que 10^{-4}.

116. Obteniu $\sin 1$ amb un error inferior a $0,001$.

117. Esbrineu el límit

$$\lim_{x\to 0} \frac{x+1}{1 - \dfrac{\sin x}{|x|}}.$$

118. Calculeu el límit

$$\lim_{x\to 0} \frac{\dfrac{2|x|}{e^x - 1} - 2}{x^2 + 4}.$$

119. Definiu $f(-3)$ per tal que la funció $f(x) = \dfrac{1 - e^{x+3}}{x^2 + 4x + 3}$ sigui contínua en $x = -3$.

120. Definiu $f(1)$ per tal que la funció $f(x) = \dfrac{\ln(3x-2)}{x^3-1}$ sigui contínua en $x = 1$.

121. Calculeu els límits següents:

(a) $\lim\limits_{x\to 0} \dfrac{\sin(3x^2)}{x(e^x-1)}$.

(b) $\lim\limits_{x\to 0} \dfrac{\sinh^2(2x)\ln(x+2)}{x^3+x^2}$.

(c) $\lim\limits_{x\to 1} \dfrac{\ln(6x-5)}{x^3-1}$.

(d) $\lim\limits_{x\to -3} \dfrac{x^2+4x+3}{1-e^{x+3}}$.

122. Calculeu els límits següents:

(a) $\lim\limits_{x\to 1} \dfrac{x^2-1}{\sinh(x-1)}$.

(b) $\lim\limits_{x\to 0} \dfrac{(e^{2x}-1)\sin x}{3x^2}$.

(c) $\lim\limits_{x\to -1} \dfrac{\sin^2(2x)\ln(x+2)}{x^3+x^2}$.

(d) $\lim\limits_{x\to +\infty} \dfrac{\sin\dfrac{1}{x^2}}{\ln\dfrac{x^2+1}{x^2}}$.

123. Aproximeu els nombres següents utilitzant desenvolupaments de *Taylor* de primer ordre.

(a) $\sin(-0,003)$.

(b) $e^{-0,05}$.

(c) $\ln 0,99$.

(d) $\operatorname{tg} 0,2$.

(e) $\sinh(-0,05)$.

(f) $\dfrac{1}{\sqrt[4]{0,946}}$.

124. Obteniu aproximacions dels nombres següents utilitzant desenvolupaments de *Taylor* de primer ordre.

(a) $e^{-0,08}$.

(b) $\cos 0,001$.

(c) $\ln 0,97$.

(d) $\operatorname{tg}(-0,01)$.

(e) $\sinh 0,5$.

(f) $\dfrac{1}{\sqrt[3]{0,97}}$.

3.9 Representació gràfica de funcions

125. Les gràfiques següents representen diferents situacions de funcions derivades $f'(x)$ en un entorn del punt $x = a$ i tals que $f'(a) = 0$. Decidiu si f té extrem relatiu en $x = a$ o no.

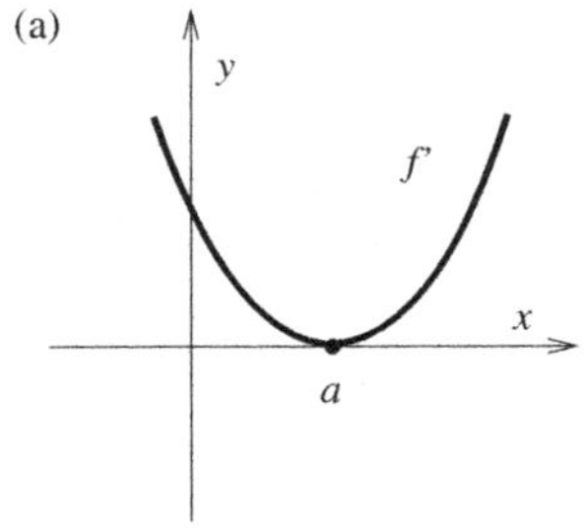

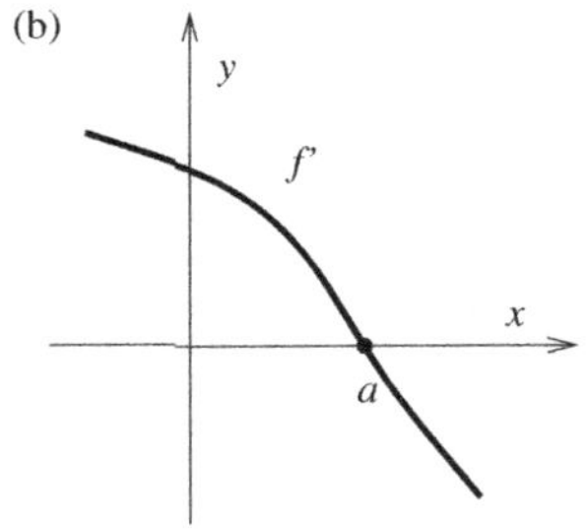

126. Considereu les gràfiques següents de funcions derivades $f'(x)$ en un entorn del punt $x = a$ i tals que $f'(a) = 0$. Decidiu si f té extrem relatiu en $x = a$ o no.

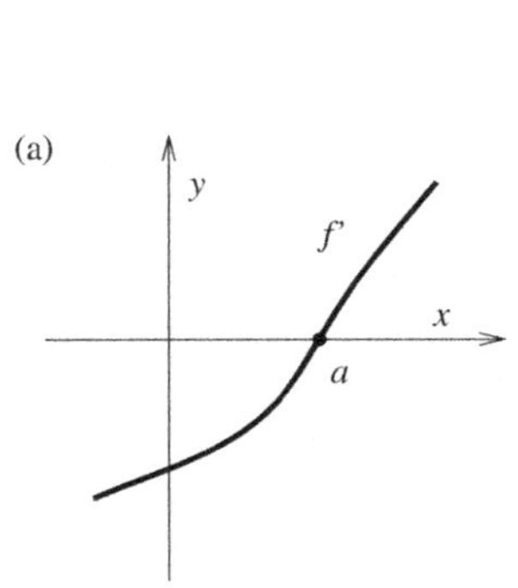

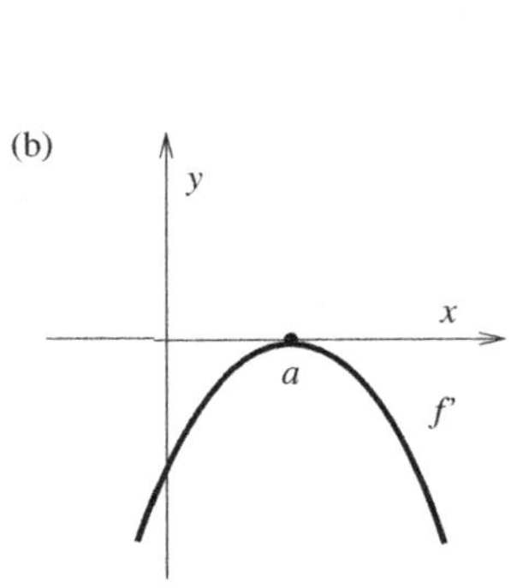

127. Aparelleu cada funció f del primer bloc amb la seva derivada f' del segon bloc:

Primer bloc: funcions f

(a)

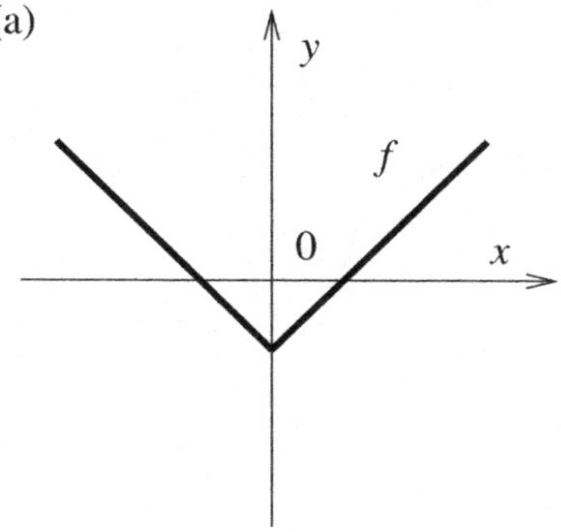

(b)

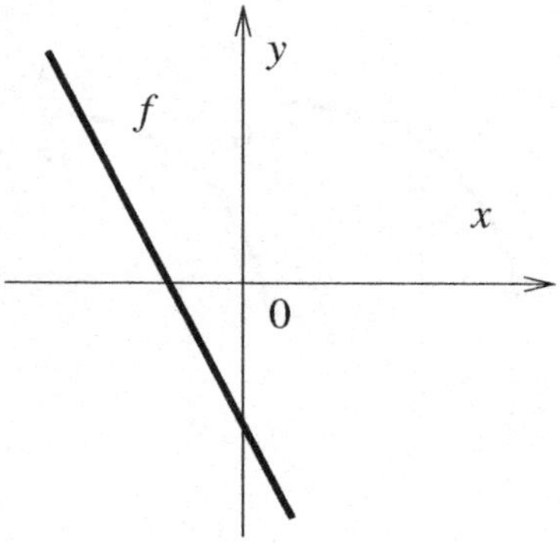

(c)

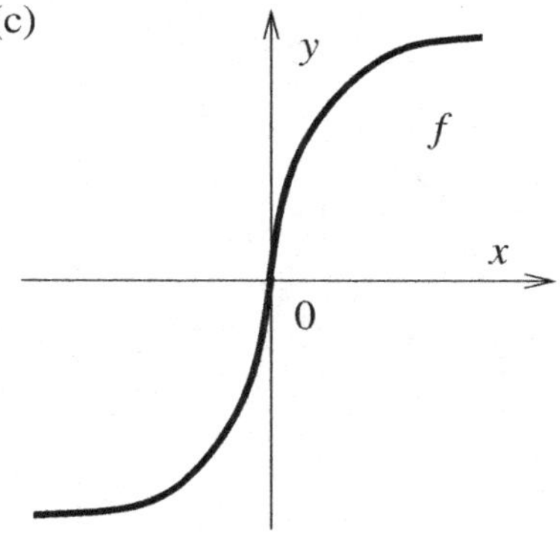

(d)

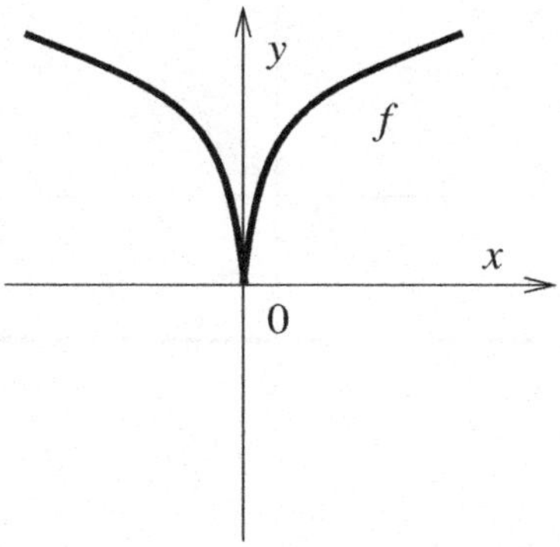

(e)

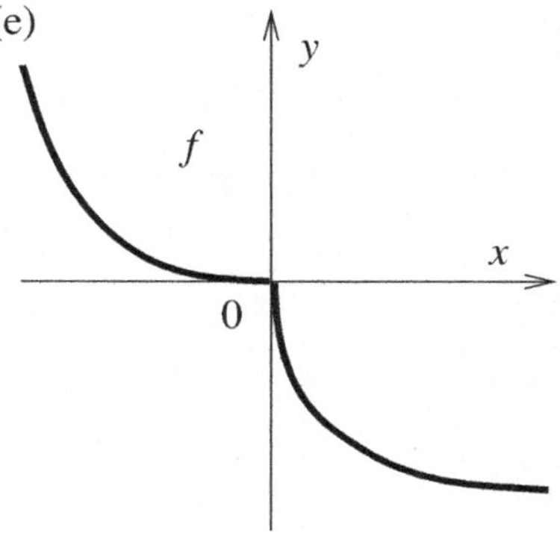

(f)

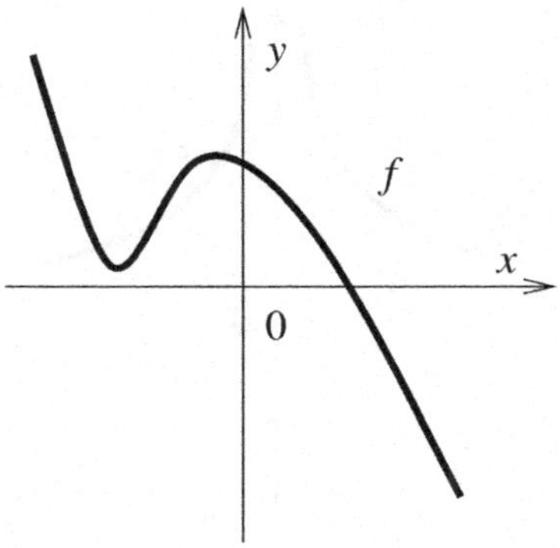

Segon bloc: derivades f'

(1)

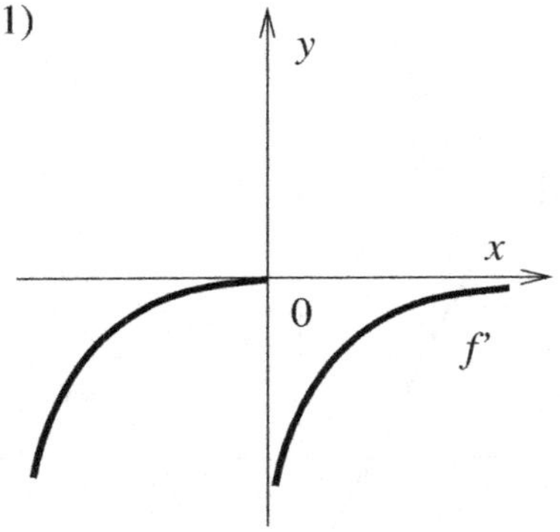

(2)

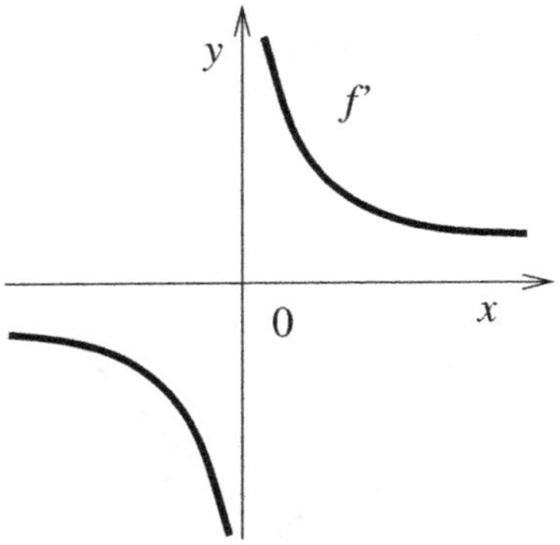

(3)

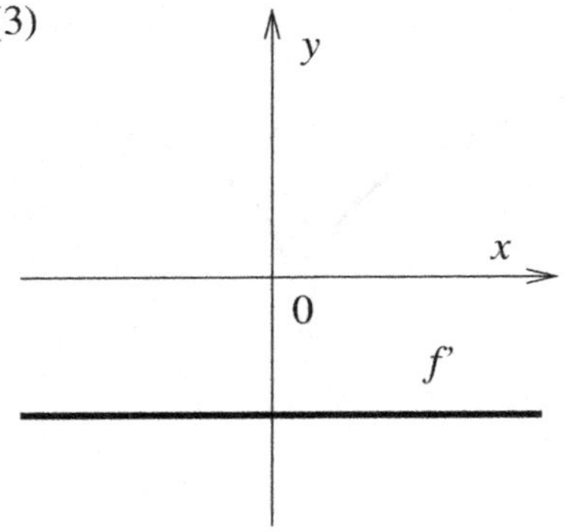

(4)

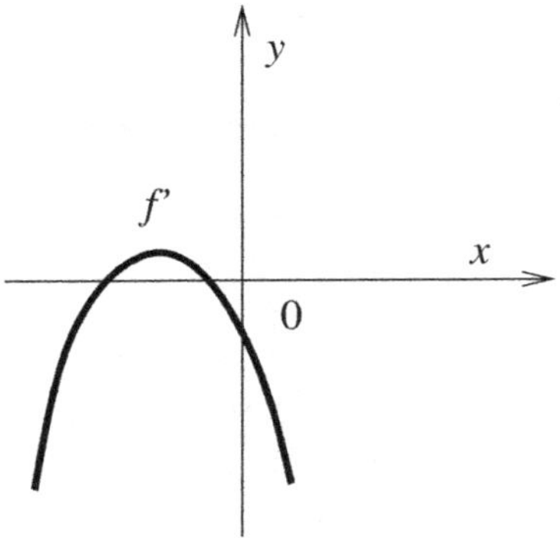

(5)

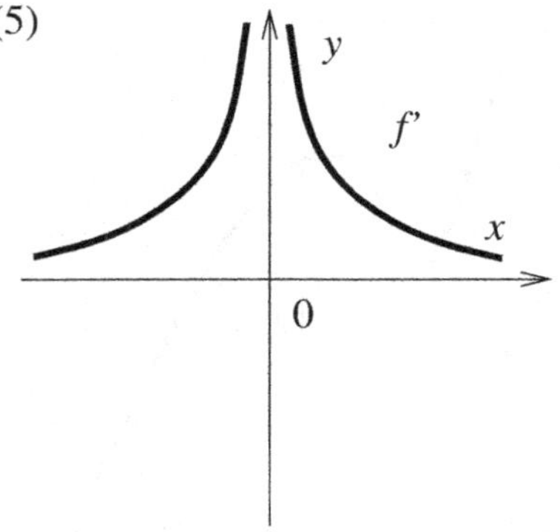

(6)

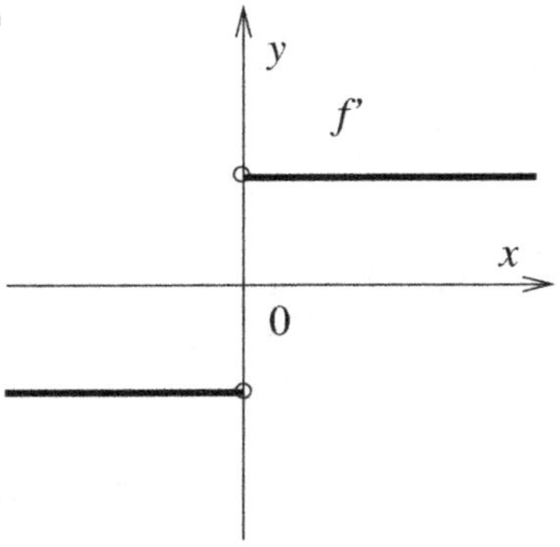

128. Cada funció f del primer bloc té la seva derivada f' al segon bloc. Aparelleu–les.

Primer bloc: funcions f

(a)

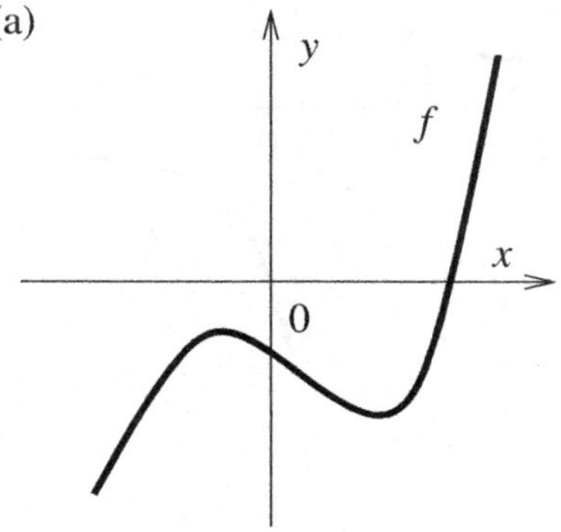

(b)

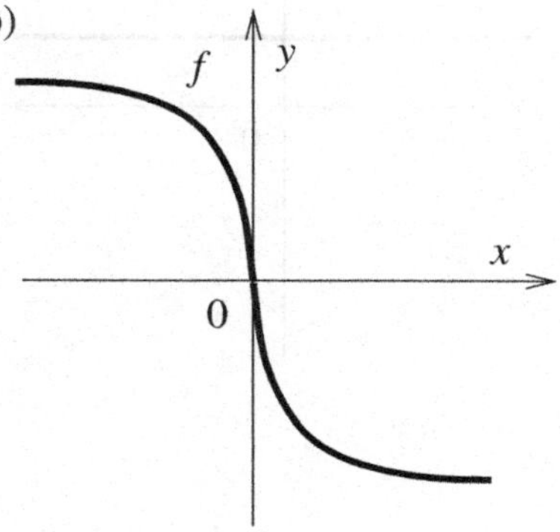

(c)

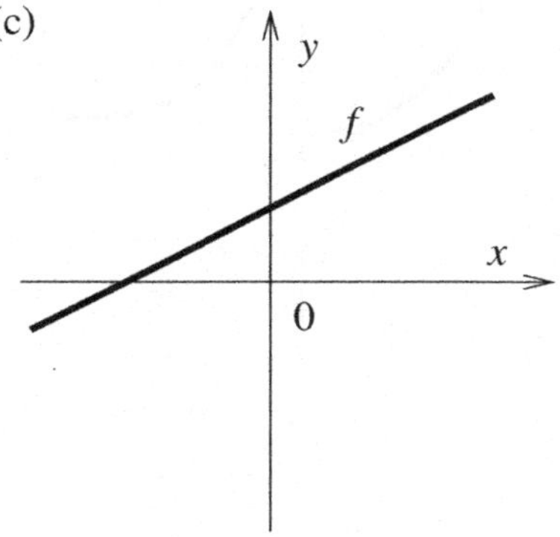

(d)

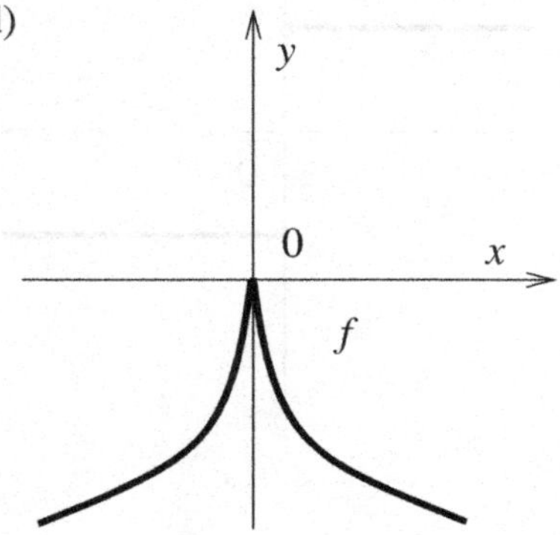

(e)

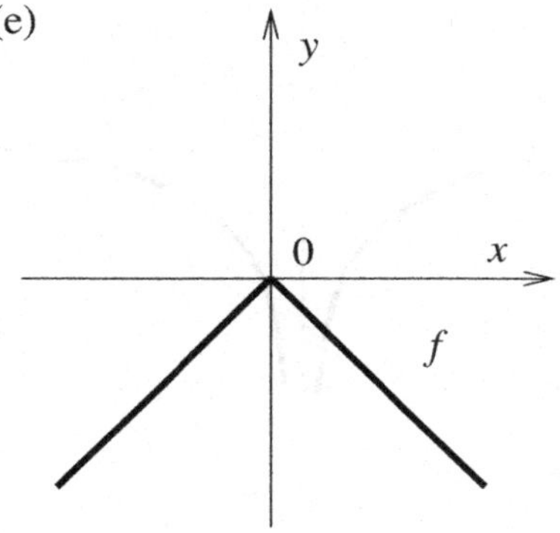

(f)

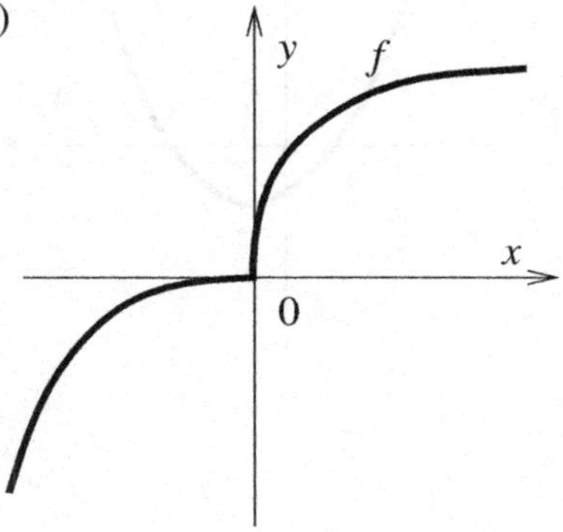

Segon bloc: derivades f'

(1)

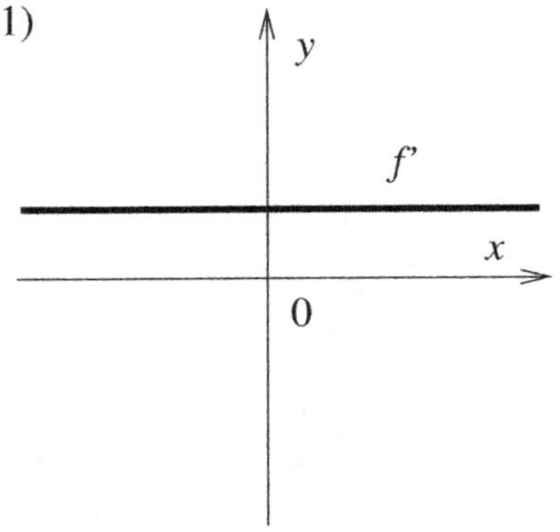

(2)

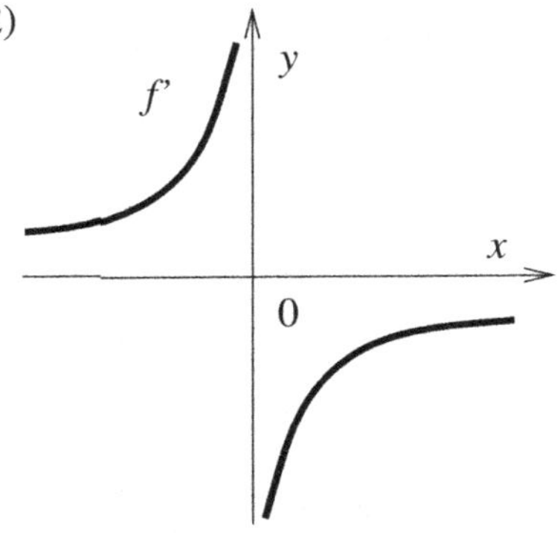

(3)

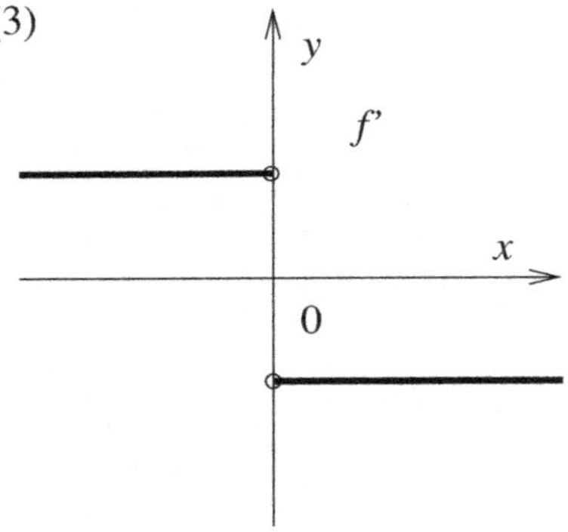

(4)

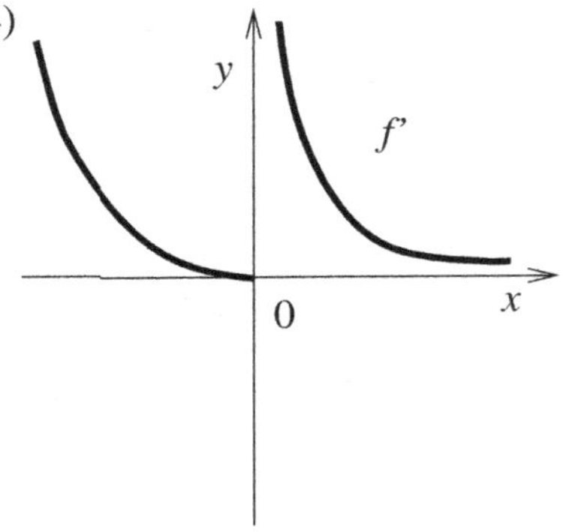

(5)

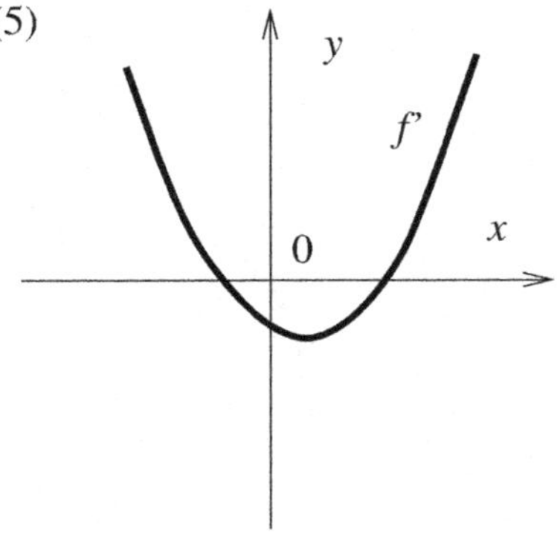

(6)

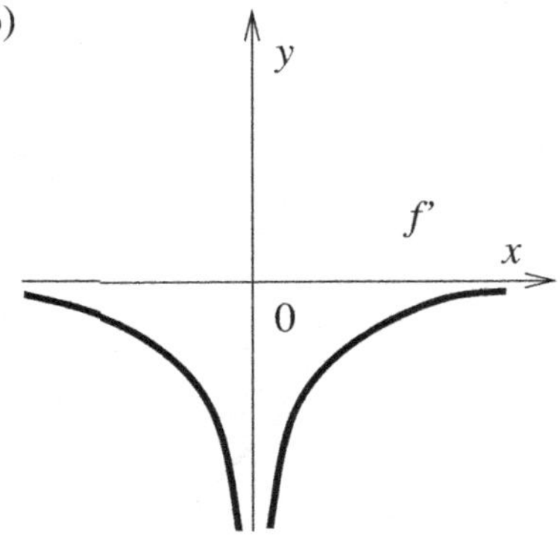

129. Feu un esbós aproximat de la derivada de cadascuna de les funcions amb gràfiques:

(a)

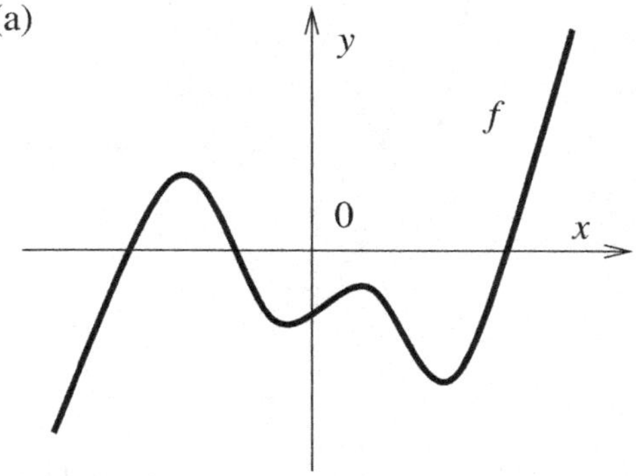

(b)

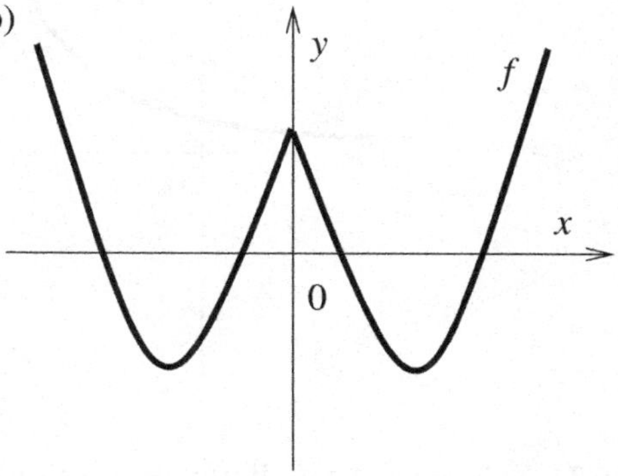

130. Dibuixeu la gràfica aproximada de la derivada de cadascuna de les funcions següents:

(a)

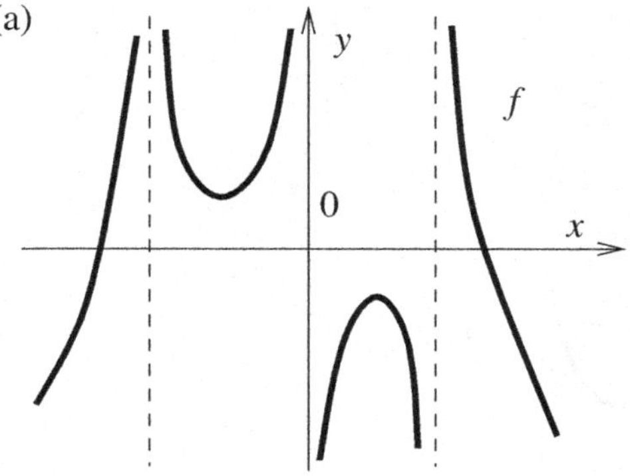

(b)

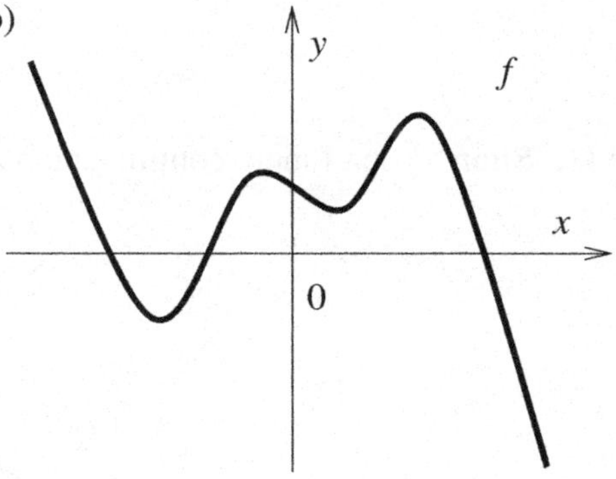

131. Per a cada un dels apartats següents dibuixeu aproximadament la gràfica d'una funció f tal que la seva derivada sigui la f' que es dona a la figura:

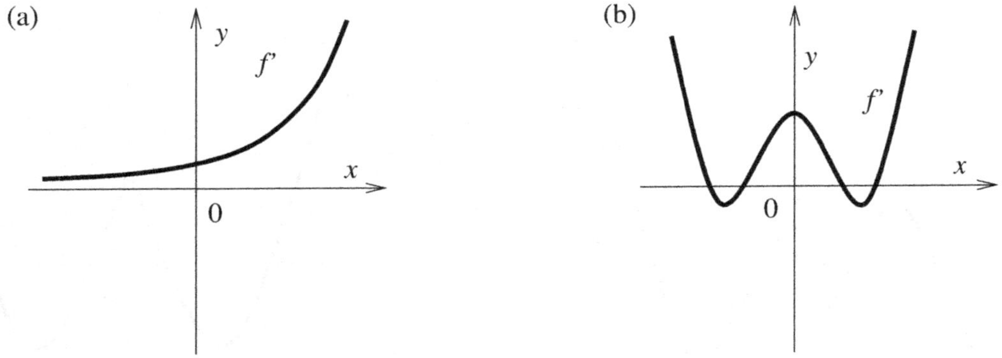

132. En cada apartat, dibuixeu aproximadament la gràfica d'una funció f tal que la seva derivada sigui la f' que es dona a la figura.

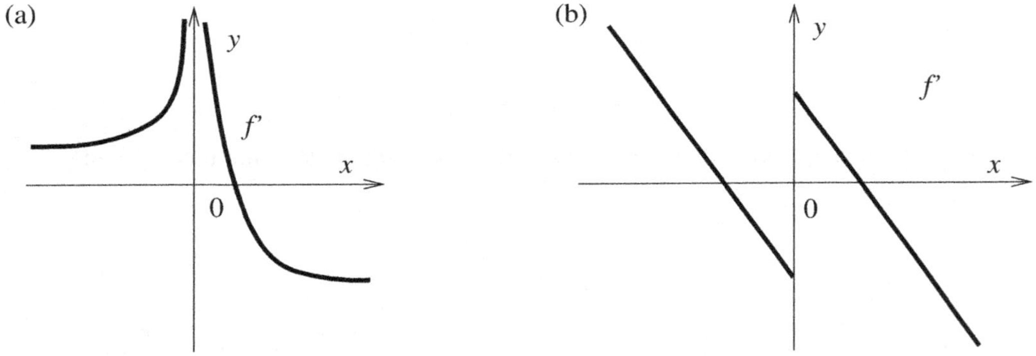

133. Sigui f' una funció contínua tal que la gràfica de $\dfrac{1}{f'(x-1)}$ és

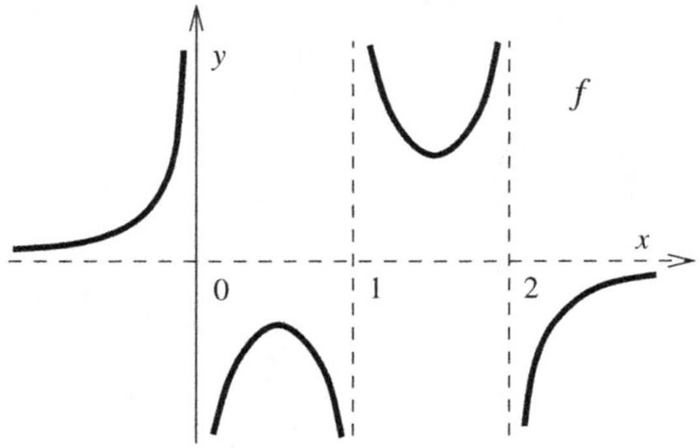

Feu un esbós de $f'(x-1)$, $f'(x)$ i $f(x)$, sabent que $f(0)=\frac{1}{2}$.

134. Considerem una certa funció contínua $f(x)$ tal que la gràfica de $\dfrac{1}{f'(x+2)}$ és

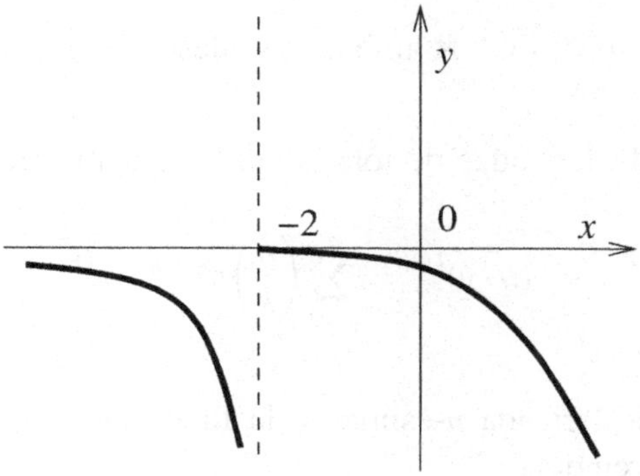

Feu un esbós de $f'(x+2)$, $f'(x)$ i $f(x)$, sabent que $f(0)=3$.

3.10 Resolució aproximada d'equacions

135. Resoleu pel mètode de *Newton* les equacions següents. Doneu el resultat amb un error inferior a 10^{-6}:

(a) $x-\cos x=0$.
(b) $10^x=6x+30$.
(c) $x^2-1=\sin x$.
(d) $x^x=10$.
(e) $5\sin x=x+\dfrac{1}{x}$.

136. Resoleu les equacions següents pel mètode de *Newton*. Obteniu el resultat amb un error inferior a 10^{-6}:

(a) $xe^x=1$.
(b) $e^x=5x+10$.
(c) $\ln x=1+\dfrac{1}{x}$.
(d) $2x^2-10x+10+\cos\frac{x}{9}$.
(e) $x^4-x-3=0$.

3.11 Miscel·lània

137. Sigui $f(x)$ una funció contínua en $x = a$. Demostreu que la funció $F(x) = (x-a)f(x)$ és derivable en $x = a$. Quant val $F'(a)$?

138. Demostreu que si $|f(x)| \leq |x|^a$, $\forall x \in \mathbb{R}$ amb $a > 1$, aleshores f és derivable en $x = 0$.

139. Si u i v són funcions amb derivades de tots els ordres, demostreu la fórmula de derivació de *Leibniz*:

$$(u \cdot v)^{(n)} = \sum_{k=0}^{n} \binom{n}{k} u^{(n-k)} \cdot v^{(k)}.$$

140. Mitjançant el càlcul de la derivada n-èsima de la funció $f(x) = (x-1)^{2n}$ amb la fórmula de derivació de Leibniz, proveu que

$$\sum_{k=0}^{n} \binom{n}{k}^2 = \binom{2n}{n} = \frac{(2n)!}{(n!)^2}.$$

141. Doneu exemples de funcions $f : D \subset \mathbb{R} \longrightarrow \mathbb{R}$ per als casos següents:

(a) f és contínua i no derivable en algun punt;

(b) f no té derivada per la dreta ni per l'esquerra en algun punt;

(c) $|f|$ és una funció derivable però f no;

(d) f és derivable només en un punt de $\mathbb{R}$.

142. Utilitzant el teorema del valor mitjà, demostreu les desigualtats següents:

(a) $|\sin a - \sin b| \leq |a-b|, \quad \forall a, b \in \mathbb{R}.$

(b) $\arcsin x < \dfrac{x}{\sqrt{1-x^2}}, \quad \forall x \in (0,1).$

(c) $\operatorname{arctg} x > \dfrac{x}{1+x^2}, \quad \forall x > 0.$

(d) $\dfrac{x-1}{x} < \ln x < x-1, \forall x > 1.$

143. Sigui $f(x) = 1 - x^{2/3}$. Comproveu que $f(-1) = f(1)$, però la derivada primera $f'(x) \neq 0$, per a tot $x \in [-1,1]$. Contradiu aquest resultat el teorema de *Rolle*?

144. Sigui $f(x) = (x-2)^{4/5} + 3$. Verifiqueu que $f(1) = f(3)$, però la derivada primera $f'(x) \neq 0$, $\forall x \in [1,3]$. És contradictori aquest resultat amb el teorema de *Rolle*?

145. La velocitat de caiguda d'una partícula en un medi resistent, tal com l'aire o l'aigua, ve donada per

$$v = \frac{g}{k}\left(1 - e^{-kt} + \frac{v_0 k e^{-kt}}{g}\right),$$

essent v_0 la velocitat inicial, t el temps i k la constant de resistència del medi. Suposant v_0 i t fixats, determineu la velocitat de caiguda en el buit, i demostreu després que és una funció contínua de k.

146. Sigui la funció $f_n(x) = \dfrac{nx^2}{1+x^2}$ per a cada $n \in \mathbb{N}$.

(a) Determineu el domini i el recorregut de $f_n(x)$.

(b) Estudieu el creixement i el decreixement de $f_n(x)$.

(c) Estudieu la concavitat i la convexitat de $f_n(x)$.

(d) Calculeu el límit

$$\lim_{n \to +\infty} \frac{\max\{f_n'(x)\}}{\min\{f_n'(x)\}}.$$

147. Considereu l'el·lipse definida per l'equació $x^2 + 4y^2 = 8$.

(a) La recta tangent a l'el·lipse en el punt $(2,1)$, juntament amb els eixos de coordenades, forma un triangle al primer quadrant. Calculeu-ne l'àrea.

(b) Determineu el punt de l'el·lipse situat al primer quadrant de manera que la intersecció de la tangent amb els eixos coordenats formi un triangle d'àrea mínima.

(c) Des del punt $(8,2)$ es tracen dues rectes que són tangents a l'el·lipse. Determineu l'angle que formen aquestes rectes.

3.12 Breu resum teòric i fórmules d'ús freqüent

Derivades de les funcions elementals

$(x^r)' = rx^{r-1}$	$\left(\sqrt[n]{x}\right)' = \dfrac{1}{n\sqrt[n]{x^{n-1}}}$
$(a^x)' = a^x \cdot \ln a$	$(\log_a x)' = \dfrac{1}{x} \cdot \log_a e$
$(e^x)' = e^x$	$(\ln x)' = \dfrac{1}{x}$
$(\sin x)' = \cos x$	$(\arcsin x)' = \dfrac{1}{\sqrt{1-x^2}}$
$(\cos x)' = -\sin x$	$(\arccos x)' = \dfrac{-1}{\sqrt{1-x^2}}$
$(\mathrm{tg}\, x)' = \dfrac{1}{\cos^2 x} = 1 + \mathrm{tg}^2 x$	$(\mathrm{arctg}\, x)' = \dfrac{1}{1+x^2}$
$(\mathrm{cotg}\, x)' = \dfrac{-1}{\sin^2 x}$	$(\mathrm{arccotg}\, x)' = \dfrac{-1}{1+x^2}$
$(\sinh x)' = \cosh x$	$(\mathrm{arg}\sinh x)' = \dfrac{1}{\sqrt{1+x^2}}$
$(\cosh x)' = \sinh x$	$(\mathrm{arg}\cosh x)' = \dfrac{1}{\sqrt{x^2-1}}$
$(\mathrm{tgh}\, x)' = \dfrac{1}{\cosh^2 x}$	$(\mathrm{arg}\,\mathrm{tgh}\, x)' = \dfrac{1}{1-x^2}$

Funcions monòtones

- $f'(x) = 0, \quad \forall x \in [a,b] \iff f(x)$ és constant en $[a,b]$.
- $f'(x) \geq 0, \quad \forall x \in (a,b) \iff f(x)$ és creixent en (a,b).
- $f'(x) \leq 0, \quad \forall x \in (a,b) \iff f(x)$ és decreixent en (a,b).

Funcions estrictament monòtones

- $f'(x) > 0, \quad \forall x \in (a,b) \Longrightarrow f(x)$ és estrictament creixent en (a,b).

$$\not\Longleftarrow$$

- $f'(x) < 0, \quad \forall x \in (a,b) \Longrightarrow f(x)$ és estrictament decreixent en (a,b).

$$\not\Longleftarrow$$

Funcions paral·leles

- $f'(x) = g'(x), \quad \forall x \in (a,b) \iff$ existeix $k \in \mathbb{R} : f(x) = g(x) + k, \quad \forall x \in (a,b)$.

Desenvolupament de Taylor

$$f(x) = f(a) + f'(a)(x-a) + \frac{f''(a)}{2!}(x-a)^2 + \frac{f'''(a)}{3!}(x-a)^3 + \cdots + \frac{f^{(n)}(a)}{n!}(x-a)^n + R_{n,a}(x),$$

on $R_{n,a}(x) = \dfrac{f^{(n+1)}(c)}{(n+1)!}(x-a)^{n+1}$, sent $c \in (a,x)$ o bé $c \in (x,a)$. Podem escriure

$$R_{n,a}(x) = o(x-a)^n, \text{ que significa } \lim_{x \to a} \frac{R_{n,a}(x)}{(x-a)^n} = 0.$$

Desenvolupament limitat

$$f(x) = f(a) + f'(a)(x-a) + \frac{f''(a)}{2!}(x-a)^2 + \frac{f'''(a)}{3!}(x-a)^3 + \cdots + \frac{f^{(n)}(a)}{n!}(x-a)^n + o(x-a)^n.$$

Alguns desenvolupaments de Taylor. Infinitèsims equivalents

Desenvolupament de Maclaurin	*Convergència* $\lim_{n\to\infty} \mathcal{R}_{n,0}(x) = 0$	*Infinitèsims equiv.* *quan* $x \to 0$
$e^x = 1 + x + \frac{x^2}{2} + \frac{x^3}{3!} + \cdots + \frac{x^n}{n!} + o(x^n)$	$x \in \mathbb{R}$	$e^x - 1 \sim x$
$\sin x = x - \frac{x^3}{3!} + \frac{x^5}{5!} - \frac{x^7}{7!} + \cdots + (-1)^n \frac{x^{2n+1}}{(2n+1)!} + o(x^{2n+2})$	$x \in \mathbb{R}$	$\sin x \sim x$
$\cos x = 1 - \frac{x^2}{2!} + \frac{x^4}{4!} - \frac{x^6}{6!} + \cdots + (-1)^n \frac{x^{2n}}{(2n)!} + o(x^{2n+1})$	$x \in \mathbb{R}$	$\cos x - 1 \sim -\frac{x^2}{2}$
$\operatorname{tg} x = x + \frac{x^3}{3} + \frac{2x^5}{15} + \frac{17x^7}{315} + o(x^8)$	$x \in (-\frac{\pi}{2}, \frac{\pi}{2})$	$\operatorname{tg} x \sim x$
$\sinh x = x + \frac{x^3}{3!} + \frac{x^5}{5!} + \frac{x^7}{7!} + \cdots + \frac{x^{2n+1}}{(2n+1)!} + o(x^{2n+2})$	$x \in \mathbb{R}$	$\sinh x \sim x$
$\cosh x = 1 + \frac{x^2}{2!} + \frac{x^4}{4!} + \frac{x^6}{6!} + \cdots + \frac{x^{2n}}{(2n)!} + o(x^{2n+1})$	$x \in \mathbb{R}$	$\cosh x - 1 \sim \frac{x^2}{2}$
$\ln(1+x) = x - \frac{x^2}{2} + \frac{x^3}{3} + \cdots + (-1)^n \frac{x^{n+1}}{n+1} + o(x^{n+1})$	$x \in (-1, 1]$	$\ln(1+x) \sim x$
$(1+x)^\alpha = 1 + \alpha x + \frac{\alpha(\alpha-1)}{2} x^2 + \frac{\alpha(\alpha-1)(\alpha-2)}{3!} x^3 + \cdots$ $\cdots + \frac{\alpha(\alpha-1)\cdots(\alpha-(n-1))}{n!} x^n + o(x^n)$	$x \in (-1, 1)$ i $\alpha \in \mathbb{R}$	$(1+x)^\alpha - 1 \sim \alpha x$

Criteri per a l'estudi qualitatiu de la gràfica d'una funció

Sigui f derivable $n-1$ vegades en un entorn del punt a i tal que existeix $f^{(n)}(a)$. Suposem

$$f''(a) = \cdots = f^{(n-1)}(a) = 0 \ \text{ i } \ f^{(n)}(a) \neq 0.$$

aleshores

- n parell i $f^{(n)}(a) > 0 \Longrightarrow f$ còncava amunt en a.
- n parell i $f^{(n)}(a) < 0 \Longrightarrow f$ còncava avall en a.
- n senar $\Longrightarrow f$ té un punt d'inflexió en a.
- n parell, $f'(a) = 0$ i $f^{(n)}(a) > 0 \Longrightarrow f$ té un mínim relatiu en a.
- n parell, $f'(a) = 0$ i $f^{(n)}(a) < 0 \Longrightarrow f$ té un màxim relatiu en a.

4

Integració

4.1 Teorema fonamental del càlcul

1. Sigui $f : [0,1] \longrightarrow \mathbb{R}$ contínua. Suposem que

$$\int_0^x f(t)dt = \int_x^1 f(t)dt \qquad \text{per a tot} \quad x \in [0,1].$$

Demostreu que $f(x) = 0$ per a tot $x \in [0,1]$.

2. Decidiu si són certes o falses les proposicions següents:

(a) f derivable en $\mathbb{R}$ llavors f és integrable *Riemann* en $[a,b]$, $\forall a,b \in \mathbb{R}$.

(b) f integrable *Riemann* en $[a,b]$ aleshores f és derivable en (a,b).

(c) f integrable *Riemann* en $[a,b]$ llavors f és contínua en $[a,b]$.

(d) Si f és integrable *Riemann* en $[a,b]$ podem concloure que existeix f^{-1} en $[a,b]$.

3. Calculeu les derivades següents:

(a) $\dfrac{d}{dx}\left(\displaystyle\int_a^b \cos x^2\, dx\right)$.

(b) $\dfrac{d}{db}\left(\displaystyle\int_a^b \cos x^2 dx\right)$.

(c) $\dfrac{d}{da}\left(\displaystyle\int_a^b \cos x^2 dx\right)$.

4. Obteniu les derivades següents:

(a) $\dfrac{d}{dx}\left(\displaystyle\int_m^n e^{x^2}\, dx\right)$.

(b) $\dfrac{d}{dn}\left(\displaystyle\int_m^n e^{x^2}\, dx\right)$.

(c) $\dfrac{d}{dm}\left(\displaystyle\int_m^n e^{x^2}\, dx\right)$.

5. Calculeu la derivada de les funcions següents:

(a) $F(x) = \displaystyle\int_0^x (1+\sin t^2)\, dt$.

(b) $F(x) = \displaystyle\int_{x^3}^{\sin x} \cos t^3\, dt$.

(c) $F(x) = \sin\left(\displaystyle\int_a^{x^2} \frac{1}{1+\sin^2 t}\, dt\right)$.

(d) $F(z) = \displaystyle\int_2^{e^z} \frac{\ln x}{x}\, dx$.

6. Esbrineu la derivada de les funcions següents:

(a) $F(x) = \displaystyle\int_0^{x^2} \frac{1}{1+t^3}\, dt$.

(b) $F(x) = \displaystyle\int_{x^2}^{x} \sqrt{1+t^2}\, dt$.

(c) $F(x) = \displaystyle\int_a^b \frac{x}{5+t^2+\sin^2 t}\, dt$.

(d) $F(z) = \displaystyle\int_z^{2z} \ln^2 x\, dx$.

7. La funció $g(x)$ té el mateix valor en els punts $x = a$ i $x = c$. Si sabem que la seva derivada és contínua, ¿quant val la integral $\int_a^c g'(x)\, dx$?

8. Sabem que la tangent a la gràfica de la funció $y = f(x)$ en el punt d'abscissa $x = 0$ forma un angle de $\frac{\pi}{4}$ amb l'eix d'abscisses, mentre que en el punt d'abscissa $x = 2$ l'angle que forma és de $\frac{\pi}{6}$. Suposant que $f''(x)$ és contínua, calculeu:

(a) $\displaystyle\int_0^2 f''(x)\,dx.$

(b) $\displaystyle\int_0^2 f'(x)\cdot f''(x)\,dx$

9. Per a $x \geq 0$, definim $F(x) = \displaystyle\int_0^x t\sqrt{1+t^3}\,dt$. Trobeu $F''(1)$.

10. Per a cada $z \geq 0$, definim la funció $F(z) = \displaystyle\int_0^{z^2} \frac{dx}{1+x^3}$. Calculeu $F''(1)$.

11. Trobeu la derivada respecte de x de la funció $y = y(x)$ donada en forma implícita per

$$\int_0^{x^3} \sin t\,dt + \int_0^y e^{2t}\,dt = 4.$$

12. Calculeu la derivada respecte de x de la funció $y = y(x)$ donada en forma implícita per

$$\int_1^y \ln t\,dt - \int_0^{x^2} \cos t\,dt = 2.$$

13. Doneu $F'(z)$ sabent que f és contínua i que la funció F ve donada per $F(z) = \displaystyle\int_{z^3}^{64} z\cdot f(t)\,dt$.

14. Calculeu $F'(t)$ si f és contínua i la funció F és $F(t) = \displaystyle\int_0^{t^2} t\cdot f(x)\,dx$.

15. Determineu $(F^{-1})'(0)$ sabent que $F(x) = \displaystyle\int_{\frac{\pi}{2}}^x [1+\cos(\cos t)]\,dt$.

16. Obteniu $(F^{-1})'(0)$ coneixent que la funció F és $F(x) = \displaystyle\int_{\pi}^x [2+\sin(\sin t)]\,dt$.

17. La posició d'una partícula a l'instant t, quan $0 \leq t \leq 1$, ve donada per

$$d(t) = \int_{t^2}^{t^4} \frac{1+2\sin\pi x\cdot\cos\pi x}{1+x^2}\,dx.$$

Determineu la seva velocitat per a $t = 1$.

18. Sigui $f : [0,3] \to \mathbb{R}$ definida de la forma següent:

$$f(x) = \begin{cases} x & \text{si} \quad 0 \le x < 1 \\ 1 & \text{si} \quad 1 \le x < 2 \\ x & \text{si} \quad 2 \le x \le 3. \end{cases}$$

(a) Obteniu una expressió explícita per a $F(x) = \int_0^x f(t)\,dt$ com a funció de x.

(b) En quins punts és F derivable?

(c) Trobeu $F'(x)$ a tots els punts on f és contínua.

19. Determineu una funció contínua f definida per a tot $x \ge 0$ tal que

$$\int_0^{x^2} (1+\cos^2 t) f(t)\,dt = \frac{6x^5}{5}.$$

20. Trobeu una funció contínua f, no nul·la, definida per a tot $x \ge 0$ tal que

$$f^2(x) = \int_0^x f(t) \cdot \frac{\sin t}{2+\cos t}\,dt.$$

21. Donada la funció

$$F(x) = \int_{\sqrt{\pi x - x^2}}^0 \sin t^2\,dt$$

(a) Trobeu el domini, D, de F.

(b) Justifiqueu que F té extrems absoluts en D i trobeu-los.

22. Considerem la funció de *Fresnel* (*Augustin Fresnel* (1788-1827), físic francès conegut pels seus treballs a Òptica)

$$S(x) = \int_0^x \sin\left(\frac{\pi t^2}{2}\right) dt,$$

determineu els seus màxims i mínims relatius.

23. Determineu els extrems relatius i absoluts de la funció $f(x) = \int_0^{x-x^2} e^{t^2}\,dt$ en l'interval $[0,1]$.

24. Calculeu els extrems relatius de la funció $f(z) = \int_0^{z-1} t \cdot e^{-t^2}\,dt$.

25. Escriviu el polinomi de *Taylor* de grau 3 en el punt 0 (polinomi de *Maclaurin*) de la funció

$$F(x) = \int_0^{x^2} \frac{1}{1+t^3}\, dt.$$

26. Sigui $P_{1,0}(x) = -2x$ el polinomi de *Maclaurin* de grau 1 associat a una funció $f(x)$, derivable, que desconeixem. ¿Quin és el polinomi de *Maclaurin* de grau 1 de la funció

$$g(x) = 2 + \int_x^{f(x)} e^{-t^2}\, dt?$$

27. Considereu la funció

$$F(x) = \int_0^x \left(t - \frac{7}{6}\right) e^{-t^2}\, dt.$$

(a) Calculeu els intervals de creixement i decreixement de $F(x)$, i els seus màxims i mínims relatius.

(b) Determineu els intervals de concavitat cap amunt i concavitat cap avall de $F(x)$, així com els seus punts d'inflexió.

(c) Feu un esbós de la gràfica de $F(x)$.

28. Sigui la funció

$$g(x) = \frac{1}{2}\int_0^{x^2} e^{-\sqrt{u}}\, du \quad \text{per a } x \geq 0$$

(a) Calculeu (sense fer la integral) el seu polinomi de *Maclaurin* de grau 3.

(b) Té $g'(x)$ extrems absoluts en la semirecta $[0,+\infty)$? En cas afirmatiu trobeu-los.

(c) Dibuixeu la gràfica de $g'(x)$ en $[0,+\infty)$.

(d) Feu un esbós de la gràfica de $g(x)$ a partir de la de $g'(x)$.

29. Calculeu el límit següent:

$$\lim_{t\to 0} \frac{\int_0^{t^3} \cos u^2\, du}{\sin^3 t}.$$

30. Determineu el valor del límit

$$\lim_{x\to 0} \frac{\int_0^{x^4} \sin\sqrt{t}\, dt}{\sin^6 x}.$$

31. Calculeu els límits següents:

(a) $\lim_{x\to 0} \frac{1}{2x}\int_{-x}^{x} \frac{\sin t}{t}\,dt.$

(b) $\lim_{x\to 0} \frac{\int_x^0 e^{u^2}\sin u\,du}{x\int_0^{3x} e^{u^2}\,du}.$

32. (a) Considereu la funció

$$f(x) = \int_0^{x^2} \frac{t^3}{\sin(t^2)}\,dt$$

i el polinomi $p(x)$ tal que $p(0) = p'(0) = p''(0) = p'''(0) = 0$, $p^4(0) = 48$ i $p^5(0) = -25$.

Calculeu $\lim_{x\to 0} \frac{p(x)}{f(x)}$.

(b) Raoneu si el polinomi $p(x)$ de l'apartat anterior té un extrem relatiu en $x = 0$. En cas afirmatiu, digueu si és màxim o mínim.

33. Donades les gràfiques següents dibuixeu les gràfiques de funcions primitives corresponents

(a)

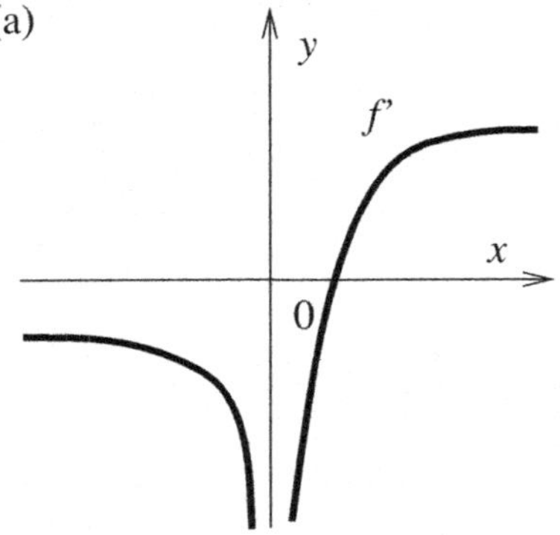

(b)

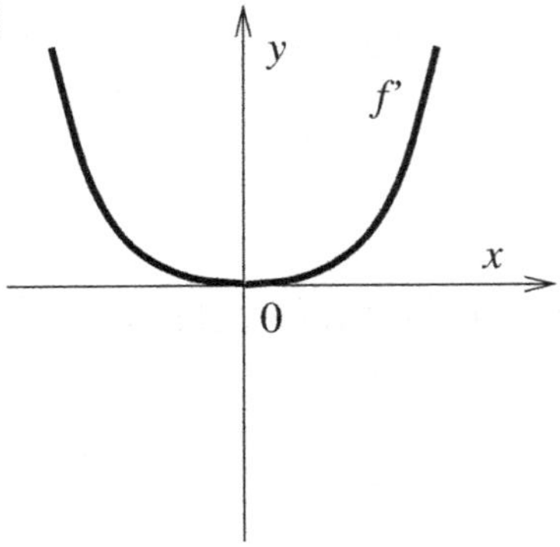

34. A partir de les gràfiques següents feu un esbós de les gràfiques de funcions primitives respectives.

(a)

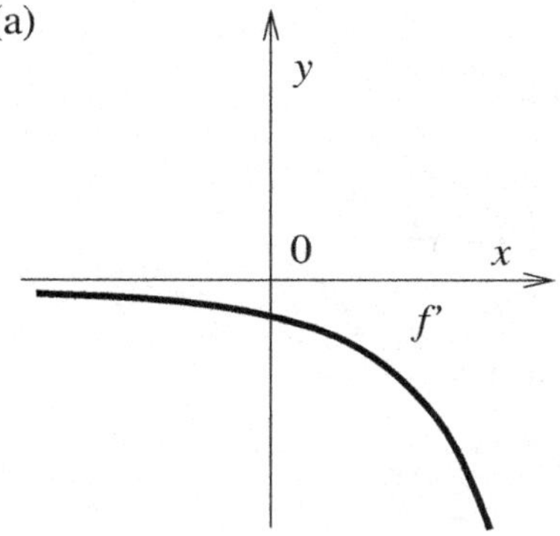

(b)

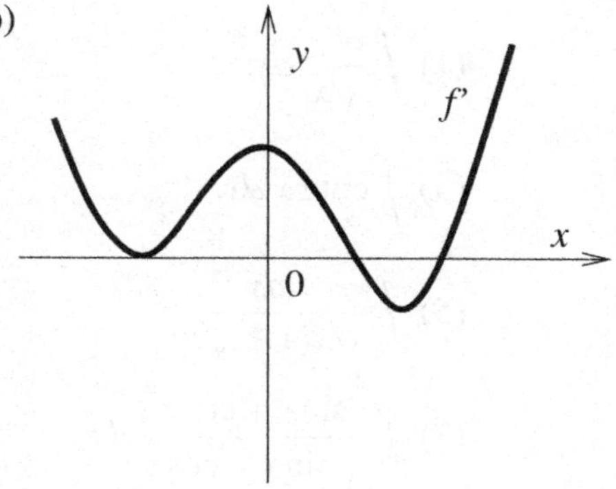

4.2 Càlcul de primitives

35. Calculeu les integrals *immediates* següents:

(1) $\displaystyle\int \frac{x^2}{\sqrt[4]{x^3+2}}\,dx.$ (2) $\displaystyle\int \frac{x+3}{(x^2+6x)^{\frac{1}{3}}}\,dx.$

(3) $\displaystyle\int \sqrt{x^2-2x^4}\,dx.$ (4) $\displaystyle\int \frac{dx}{e^x+1}.$

(5) $\displaystyle\int \frac{x^2}{\sqrt{1-x^6}}\,dx.$ (6) $\displaystyle\int \frac{dx}{e^x+e^{-x}}.$

(7) $\displaystyle\int \frac{\operatorname{tg} x}{\cos^2 x}\,dx.$ (8) $\displaystyle\int \frac{e^x}{\sqrt{1-e^{2x}}}\,dx.$

(9) $\displaystyle\int \cosh a \cdot \sinh b\,dx.$ (10) $\displaystyle\int \frac{x}{\sqrt{1-x^2}}\,dx.$

36. Obteniu les integrals *immediates* següents:

(1) $\displaystyle\int \frac{e^{\sqrt{x}}}{\sqrt{x}}\,dx.$ (2) $\displaystyle\int \frac{x^2}{1+x^6}\,dx.$

(3) $\displaystyle\int \operatorname{cotg} x\,dx.$ (4) $\displaystyle\int \frac{(\arcsin x)^2}{\sqrt{1-x^2}}\,dx.$

(5) $\displaystyle\int \frac{dx}{\sqrt{x}(1+\sqrt{x})}.$ (6) $\displaystyle\int \frac{3^{\operatorname{tgh} x}}{\cosh^2 x}\,dx.$

(7) $\displaystyle\int \frac{\sin x+\cos x}{\sqrt[3]{\sin x-\cos x}}\,dx.$ (8) $\displaystyle\int \cos\frac{x}{\sqrt{2}}\,dx.$

(9) $\displaystyle\int \operatorname{cotg} x\,\sqrt{\ln(\sin x)}\,dx.$ (10) $\displaystyle\int \frac{dx}{\sqrt{x+1}+\sqrt{x-1}}.$

37. Calculeu les integrals *immediates* següents:

(1) $\displaystyle\int \sqrt{3t-5}\,dt.$ (2) $\displaystyle\int \frac{x^2}{1-x^6}\,dx.$

(3) $\displaystyle\int \sinh x\cdot\cosh x\,dx.$ (4) $\displaystyle\int (\sqrt{x}+1)(\sqrt{x}+3x)\,dx.$

(5) $\displaystyle\int \frac{\cos x}{1+\sin^2 x}\,dx.$ (6) $\displaystyle\int \frac{\cos\sqrt{x}}{\sqrt{x}}\,dx.$

(7) $\displaystyle\int \frac{dx}{e^{3x+1}}.$ (8) $\displaystyle\int \frac{3u^6+5u^3-2}{u^4}\,du.$

(9) $\displaystyle\int \frac{1}{1-x^2}\ln\frac{1+x}{1-x}\,dx.$ (10) $\displaystyle\int \frac{1}{(x+4)^2+6}\,dx.$

38. Determineu les integrals *immediates* següents:

(1) $\int \frac{e^{\operatorname{arctg} x}}{1+x^2}\,dx.$

(2) $\int \frac{t}{1-9t^2}\,dt.$

(3) $\int \frac{dx}{\sqrt{x}\,(1+x)}.$

(4) $\int \operatorname{tg}^2 x\,dx.$

(5) $\int \sec^2 x\,\sqrt{\operatorname{tg} x}\,dx.$

(6) $\int \frac{\sin x\cos x}{\sqrt{2-\sin^4 x}}\,dx.$

(7) $\int \frac{2^{x+1}-5^{x-1}}{10^x}\,dx.$

(8) $\int \frac{(1-u)^3}{u\sqrt[3]{u}}\,du.$

(9) $\int \frac{1}{\operatorname{tg}\frac{x}{a}}\,dx.$

(10) $\int \frac{a^{2x}-1}{\sqrt{a^x}}\,dx.$

39. Calculeu les integrals *immediates* següents:

(1) $\int \frac{1}{3}x^2 \operatorname{tgh}(x^3+1)\,dx.$

(2) $\int \frac{\cos^3 2 \sin 3}{\operatorname{tg} 2x}\,dx.$

(3) $\int \frac{\sqrt{1+x^2}}{\sqrt{1-x^4}}\,dx.$

(4) $\int \frac{dx}{(1+2\sqrt{x})\sqrt{x}}.$

(5) $\int \frac{dx}{\cosh x}.$

(6) $\int \frac{\sin^2\sqrt{x}}{\sqrt{x}\sec\sqrt{x}}\,dx.$

(7) $\int \frac{x}{\sqrt{3-x^4}}\,dx.$

(8) $\int \frac{x\ln(x^2+1)}{x^2+1}\,dx.$

40. Obteniu les integrals *immediates* següents:

(1) $\int \frac{\sin x}{1+\operatorname{tg}^2 x}\,dx.$

(2) $\int \sec x\cdot \operatorname{tg} x\,dx.$

(3) $\int \operatorname{cotg}^2 x\,dx.$

(4) $\int \frac{\sin x\cdot e^{\cos x+\pi}}{1+e^{2\cos x}}\,dx.$

(5) $\int \frac{\sec^2 x}{1-\operatorname{tg}^2 x}\,dx.$

(6) $\int \frac{\cos x}{\sqrt{2+\cos 2x}}\,dx.$

(7) $\int \frac{3x}{x^4+5}\,dx.$

(8) $\int \frac{\sin^2 x}{\operatorname{tg} x}\,e^{-2\sin^2 x}\,dx.$

41. Calculeu les integrals *immediates* següents, *completant quadrats* si és necessari :

(1) $\displaystyle\int \frac{dx}{\sqrt{1-2x-x^2}}$.

(2) $\displaystyle\int \frac{x}{\sqrt{5+x-x^2}}\,dx$.

(3) $\displaystyle\int \frac{x}{\sqrt{1-3x^2-2x^4}}\,dx$.

(4) $\displaystyle\int \frac{x}{\sqrt{x^4+2}}\,dx$.

(5) $\displaystyle\int \frac{dx}{x^2+2x+3}\,dx$.

(6) $\displaystyle\int \frac{dx}{\sqrt{-4x^2-12x-8}}$.

42. Calculeu les integrals *immediates* següents *completant quadrats* si cal:

(1) $\displaystyle\int \frac{dx}{\sqrt{2x^2-x+2}}$.

(2) $\displaystyle\int \frac{3x+4}{\sqrt{1-3x-3x^2}}\,dx$.

(3) $\displaystyle\int \frac{1}{\sqrt{x-x^2}}\,dx$.

(4) $\displaystyle\int \frac{x^2}{\sqrt{x^6+4}}\,dx$.

(5) $\displaystyle\int \frac{1}{x^2-2x+5}\,dx$.

(6) $\displaystyle\int \frac{dx}{\sqrt{4x-x^2-3}}$.

43. Calculeu les integrals següents pel mètode d'integració *per parts*:

(1) $\displaystyle\int x e^x\,dx$.

(2) $\displaystyle\int \ln x\,dx$.

(3) $\displaystyle\int x \sinh x\,dx$.

(4) $\displaystyle\int x^n \ln x\,dx$.

(5) $\displaystyle\int (3x^2+2x-7)\cos x\,dx$.

(6) $\displaystyle\int x \ln\frac{1-x}{1+x}\,dx$.

(7) $\displaystyle\int x^2 \sin(\ln x)\,dx$.

(8) $\displaystyle\int \frac{x^2}{1+x^2}\operatorname{arctg} x\,dx$.

44. Determineu les integrals següents pel mètode d'integració *per parts*:

(1) $\int x \cos x \, dx.$ (2) $\int \sqrt{x} \ln^2 x \, dx.$

(3) $\int \operatorname{arctg} x \, dx.$ (4) $\int \frac{\ln x}{\sqrt{x}} \, dx.$

(5) $\int \arccos \frac{1}{x} \, dx.$ (6) $\int x \operatorname{arctg} x \, dx.$

(7) $\int \sin(\ln x) \, dx.$ (8) $\int \frac{x}{\cos^2 x} \, dx.$

45. Calculeu les integrals *racionals* següents:

(1) $\int \frac{5}{x^2 - 4x + 7} \, dx.$ (2) $\int \frac{dx}{x^2 - x + 2}.$

(3) $\int \frac{x}{x^4 - 2x^2 - 1} \, dx.$ (4) $\int \frac{3x + 2}{2x^2 - x + 5} \, dx.$

(5) $\int \frac{x^2 - 1}{x^2 + 1} \, dx.$ (6) $\int \frac{dx}{(x-1)^2 + 4}.$

46. Obteniu les integrals *racionals* següents:

(1) $\int \frac{2}{x^2 + 2x + 3} \, dx.$ (2) $\int \frac{dx}{x^2 + x + 1}.$

(3) $\int \frac{x}{x^4 + 5x^2 + 2} \, dx.$ (4) $\int \frac{x + 1}{x^2 + x + 1} \, dx.$

(5) $\int \frac{x^4}{1 + x^2} \, dx.$ (6) $\int \frac{dx}{4x^2 + 4x + 5}.$

47. Determineu les integrals *racionals* següents:

(1) $\int \frac{5x^3 + 2}{x^3 - 5x^2 + 4x} \, dx.$ (2) $\int \frac{1}{x(x+1)^2} \, dx.$

(3) $\int \frac{1}{x^3 - 1} \, dx.$ (4) $\int \frac{2x^3 + 4x^2 + 4x + 4}{x^4 + 2x^3 + 2x^2 + 2x + 1} \, dx.$

(5) $\int \frac{x^4 + 1}{x^3 - x^2 + x - 1} \, dx.$ (6) $\int \frac{x^5 + 2x^3 + 4x + 4}{x^4 + 2x^3 + 2x^2} \, dx.$

48. Calculeu les integrals *racionals* següents:

(1) $\displaystyle\int \frac{x^4+x^2+1}{x^2-9}\,dx.$ (2) $\displaystyle\int \frac{3x}{2x^2-12x+18}\,dx.$

(3) $\displaystyle\int \frac{x^4}{x^4-1}\,dx.$ (4) $\displaystyle\int \frac{x^5-9x^3+17x^2-36x+47}{x^4-4x^3+7x^2-12x+12}\,dx.$

(5) $\displaystyle\int \frac{x^2}{1-x^4}\,dx.$ (6) $\displaystyle\int \frac{dx}{(x+1)^2(x^2+1)}.$

49. Calculeu les integrals *trigonomètriques i hiperbòliques* següents:

(1) $\displaystyle\int \sin^2 x\cdot\cos^3 x\,dx.$ (2) $\displaystyle\int \sin^4 x\,dx.$

(3) $\displaystyle\int \frac{\sin x}{1+\cos^2 x}\,dx.$ (4) $\displaystyle\int \cosh^2 x\,dx.$

(5) $\displaystyle\int \frac{\sin^2 x}{\cos^4 x}\,dx.$ (6) $\displaystyle\int \sin^2 3x\,dx.$

(7) $\displaystyle\int \operatorname{tgh}^2 x\,dx.$ (8) $\displaystyle\int (\cosh^2 2x+\sinh^2 2x)\,dx.$

(9) $\displaystyle\int \sinh^3 t\,dt.$ (10) $\displaystyle\int \frac{\sinh t-\cosh t}{e^{-t}}\,dt.$

50. Calculeu les integrals *trigonomètriques i hiperbòliques* següents:

(1) $\displaystyle\int \sinh^3 x\cdot\cosh^2 x\,dx.$ (2) $\displaystyle\int \sin^3 u\,du.$

(3) $\displaystyle\int \sin^5 x\cdot\cos^2 x\,dx.$ (4) $\displaystyle\int \sinh^2 x\,dx.$

(5) $\displaystyle\int \frac{\cos^3 x}{\sin^4 x}\,dx.$ (6) $\displaystyle\int \cos^2 2x\,dx.$

(7) $\displaystyle\int \frac{e^t}{\cosh t+\sinh t}\,dt.$ (8) $\displaystyle\int \cosh^3 x\,dx.$

(9) $\displaystyle\int (\cosh^2 3x+\sinh^2 3x)\,dx.$ (10) $\displaystyle\int \operatorname{cotgh}^2 x\,dx.$

51. Calculeu les integrals *irracionals* següents fent un canvi de variable apropiat, quan sigui necessari:

(1) $\displaystyle\int \frac{dx}{1+\sqrt{x+1}}$.

(2) $\displaystyle\int \frac{x^3}{\sqrt{x-1}}\,dx$.

(3) $\displaystyle\int \frac{\sqrt{x}}{x+1}\,dx$.

(4) $\displaystyle\int u\cdot\sqrt{1-u^2}\,du$.

(5) $\displaystyle\int \sqrt{1-x^2}\,dx$.

(6) $\displaystyle\int \sqrt{t^2-9}\,dt$.

(7) $\displaystyle\int \sqrt{x^2+81}\,dx$.

(8) $\displaystyle\int \sqrt{x^2-2x-3}\,dx$.

(9) $\displaystyle\int \sqrt{-x^2+4x}\,dx$.

(10) $\displaystyle\int \sqrt{x^2-2x+2}\,dx$.

52. Calculeu les integrals *irracionals* següents fent, si és necessari, un canvi de variable apropiat:

(1) $\displaystyle\int \frac{dx}{1+\sqrt{x}}$.

(2) $\displaystyle\int \frac{dx}{\sqrt{1+e^x}}$.

(3) $\displaystyle\int \frac{dx}{1+\sqrt[3]{x+1}}\,dx$.

(4) $\displaystyle\int t^2\sqrt{1+t^3}\,dt$.

(5) $\displaystyle\int \sqrt{1-u^2}\,du$.

(6) $\displaystyle\int \sqrt{x^2-4}\,dx$.

(7) $\displaystyle\int \sqrt{t^2+25}\,dt$.

(8) $\displaystyle\int \sqrt{x^2+2x-8}\,dx$.

(9) $\displaystyle\int \sqrt{6x-x^2}\,dx$.

(10) $\displaystyle\int \sqrt{x^2-2x+4}\,dx$.

4.3 Integrals impròpies

53. Estudieu si convergeixen o divergeixen les integrals impròpies següents i calculeu el valor de la integral en cas que convergeixin:

(1) $\displaystyle\int_0^2 \frac{1}{\sqrt{2-x}}\,dx.$ (2) $\displaystyle\int_0^3 \frac{x}{(x^2-1)^{\frac{3}{5}}}\,dx.$

(3) $\displaystyle\int_a^\infty \sin x\,dx.$ (4) $\displaystyle\int_a^\infty \frac{x}{(x^2+1)^3}\,dx.$

(5) $\displaystyle\int_0^{\frac{\pi}{2}} \frac{\cos x}{\sqrt{1-\sin x}}\,dx.$ (6) $\displaystyle\int_{-\infty}^0 e^{2x}\,dx.$

54. Discutiu si convergeixen o divergeixen les integrals impròpies següents i calculeu el valor de la integral en cas que convergeixin:

(1) $\displaystyle\int_0^\infty e^{-x}\sin x\,dx.$ (2) $\displaystyle\int_{-\infty}^\infty \frac{1}{e^x+e^{-x}}\,dx.$

(3) $\displaystyle\int_a^\infty \frac{1}{x\ln x}\,dx \qquad (a>1).$ (4) $\displaystyle\int_0^3 \frac{1}{\sqrt{9-x^2}}\,dx.$

(5) $\displaystyle\int_2^5 \frac{dx}{\sqrt{5+4x-x^2}}.$ (6) $\displaystyle\int_2^\infty \frac{dx}{x^2+x-2}.$

55. Estudieu la convergència de

$$\int_a^\infty \frac{1}{x^\alpha}\,dx \qquad (a>0),$$

segons els valors de α.

56. ¿Per a quins valors de β convergeix la integral

$$\int_2^\infty \frac{dx}{x(\ln x)^\beta}\,dx?$$

4.4 Àrea determinada per una corba

57. Trobeu l'àrea limitada per la paràbola $y = (x-1)^2$ i els eixos de coordenades.

58. Esbrineu l'àrea limitada per la corba $y = 2\sin x$, entre els punts $x = \frac{\pi}{6}$ i $x = \frac{5\pi}{6}$ i la recta $y = 1$.

59. Calculeu l'àrea determinada per la paràbola $y^2 = 4x$ i la recta $4x - 4y + 3 = 0$.

60. Trobeu l'àrea limitada per les paràboles $x = 6y - y^2$ i $x = y^2 - 2y$.

61. Calculeu l'àrea del llaç $y^2 = x^2(a^2 - x^2)$.

62. Obteniu l'àrea limitada per la corba $y^2 = x^4(4 + x)$.

63. Calculeu l'àrea limitada per la paràbola d'equació $(y-2)^2 = x - 1$, la seva tangent en el punt $(2,3)$ i l'eix OX.

64. Calculeu l'àrea limitada per la paràbola d'equació $(y-3)^2 = x - 2$, la seva tangent en el punt $(3,4)$ i l'eix OX.

65. Calculeu l'àrea limitada per la cardioide $r = a(1 + \cos\alpha)$.

66. Dibuixeu el cargol $r = \frac{1}{2} + \cos\alpha$ i determineu l'àrea que queda dins el llaç gran i fora del llaç petit.

67. Trobeu l'àrea determinada per la lemniscata d'equació $(x^2 + y^2)^2 = 2a^2xy$.

68. Determineu l'àrea de la regió limitada per la *lemniscata de Bernouilli* $(x^2 + y^2)^2 = 4(x^2 - y^2)$ que està dins de la corba $x^2 + y^2 = 2$, al primer quadrant.

69. Calculeu l'àrea comuna limitada per la cardioide $r = 1 + \cos\alpha$ i la circumferència $r = 3\cos\alpha$.

70. Dibuixeu les corbes $r = \sqrt{3}/2$ i $r = \sin 2\alpha$, i determineu l'àrea de la regió comuna limitada per elles dues en el primer quadrant.

71. Calculeu l'àrea exterior a la corba $r = a(1 + \cos\alpha)$ i interior a la corba $r = a(1 - \cos\alpha)$.

72. Determineu l'àrea de la *mitja lluna* exterior a la corba $r = 1 - \sin\alpha$ i interior a la corba $r = \cos\alpha$.

73. Determineu l'àrea de la regió del tercer quadrant limitada per la corba $y = x^2 \ln(1+x)$, la seva asímptota vertical i l'eix OX.

74. Trobeu l'àrea limitada per la corba $y = xe^{-\frac{x^2}{2}}$ i la seva asímptota.

75. Obteniu l'àrea determinada per la corba $y^2(a^2 - x^2) = x^4$, $a > 0$ i les seves asímptotes.

76. Esbrineu l'àrea limitada per la corba $y^2 = \dfrac{x^2}{1-x^2}$ i les seves asímptotes.

77. Doneu l'àrea limitada entre les corbes $r = \dfrac{1}{\alpha}$ i $r = \dfrac{1}{\sin\alpha}$ per a $0 < \alpha \leq \frac{\pi}{2}$.

78. Trobeu l'àrea limitada entre les corbes $r = \dfrac{2}{\pi - 2\alpha}$ i $r = \dfrac{1}{\cos\alpha}$ per a $0 \leq \alpha < \frac{\pi}{2}$.

4.5 Volums de revolució

79. Calculeu el volum generat pel llaç de la corba $ay^2 = x^2(a-x)$, $a > 0$, en girar al voltant de l'eix OX.

80. Trobeu el volum de revolució de la corba $y(x^2 + a^2) = a^3$ quan gira al voltant de l'eix d'abscisses.

81. Considereu l'el·lipse $\dfrac{x^2}{a^2} + \dfrac{y^2}{b^2} = 1$ amb $a > b > 0$. Quan s'obté un volum més gran: en fer-la girar al voltant de l'eix OX o en fer-la girar al voltant de l'eix OY?

82. Considereu la regió limitada per la corba $y = ax^2$ i l'eix d'abscisses compresa entre $x = 0$ i $x = 1$. Per a quin valor de $a > 0$ el volum que s'obté en fer girar aquesta regió al voltant de l'eix OX és igual que el que s'obté en fer-la girar al voltant de l'eix OY?

83. Calculeu el volum del tor generat per la circumferència $(x-2)^2 + y^2 = 1$ quan gira al voltant de l'eix OY.

84. Determineu el volum del tor generat per la circumferència $x^2 + (y-4)^2 = 4$ quan gira al voltant de l'eix OX.

85. Trobeu el volum del cos de revolució que genera la corba $y = e^{-x^2}$ en girar al voltant de l'eix d'ordenades entre $x = 0$ i $x = \sqrt{2}$.

86. Trobeu el volum del cos de revolució engendrat pel primer quart d'ona ($x \geq 0, y \geq 0$) de la corba $y = \cos x^2$ en girar al voltant de l'eix OY.

87. Donada la funció $f(x) = \dfrac{\ln x}{x}$ amb $x \geq 1$:

(a) Feu un esbós de la seva gràfica.

(b) Calculeu l'àrea sota la gràfica.

(c) Determineu el volum que s'obté en girar la regió de l'apartat anterior entorn de l'eix d'abscisses.

88. Considereu la funció $f(x) = \dfrac{1}{1+x^4}$.

(a) Feu un esbós de la seva gràfica.

(b) Calculeu l'àrea compresa entre la gràfica de $f(x)$ i l'eix d'abscisses per a $x \geq 0$.

(c) Determineu el volum del sòlid de revolució que s'obté en fer girar la regió de l'apartat anterior al voltant de l'eix d'ordenades.

89. Donada la funció $f(x) = \dfrac{1}{1+x^2}$:

(a) Feu un esbós de la seva gràfica.

(b) Calculeu l'àrea compresa entre la gràfica de $f(x)$ i l'eix d'abscisses entre $x = -1$ i $x = 1$.

(c) Calculeu el volum que s'obté en girar la regió anterior al voltant de l'eix OY.

90. Donada la funció $f(x) = \dfrac{x}{1+x^2}$:

(a) Feu un esbós de la seva gràfica.

(b) Calculeu l'àrea compresa entre la gràfica de $f(x)$ i l'eix d'abscisses entre $x = -1$ i $x = 1$.

(c) Calculeu el volum que s'obté en girar la regió anterior al voltant de l'eix OY.

91. Considereu la circumferència $x^2 + y^2 = 8x$ i la recta $y = \dfrac{\sqrt{3}}{3}x$.

(a) Calculeu l'àrea de la regió limitada per la recta, la circumferència i l'eix d'abscisses.

(b) Determineu el volum que s'obté en girar la regió anterior al voltant de l'eix d'abscisses.

92. Considereu la corba $x^2+y^2=8y$ i la recta $y=\sqrt{3}\cdot x$. Determineu:

(a) L'àrea de la regió fitada limitada per la corba, la recta i l'eix OY.

(b) El volum que s'obté en girar la regió anterior al voltant de l'eix d'ordenades.

93. Un sòlid de revolució està engendrat per la rotació de la regió del pla

$$A=\{(x,y)\in\mathbb{R}^2 \mid 0\le x\le a,\ 0\le y\le f(x)\}$$

al voltant de l'eix OX, on $y=f(x)$ és una funció contínua a $\mathbb{R}$. Si per cada $a>0$ el volum del sòlid és a^2+a, determineu la funció f.

94. Un sòlid de revolució està engendrat per la rotació de la regió del pla

$$A=\{(x,y)\in\mathbb{R}^2 \mid 0\le x\le a,\ 0\le y\le f(x)\}$$

al voltant de l'eix OY, on $y=f(x)$ és una funció contínua a $\mathbb{R}$. Si per cada $a>0$ el volum del sòlid és a^2+2a, determineu la funció f.

95. Considereu les corbes $x^2+y^2-2x=0$ i $x-2y^2=0$.

(a) Trobeu l'àrea de la regió tancada del pla limitada per les corbes anteriors i que conté el punt $(1/2,0)$.

(b) Determineu el volum generat per la regió de l'apartat anterior en girar al voltant de l'eix d'abscisses (OX).

96. (a) Calculeu l'àrea de la regió limitada per les corbes $x=(y-2)^2$ i $x=2y-y^2$.

(b) Obteniu el volum del cos de revolució generat per la regió anterior en girar al voltant de l'eix OY.

4.6 Volums de secció donada

97. La base d'un cert sòlid és la regió fitada per l'el·lipse $\frac{x^2}{9}+\frac{y^2}{4}=1$ i cada secció transversal paral·lela al pla $x=0$ és un hexàgon regular. Calculeu-ne el seu volum.

98. La base d'un sòlid és la regió limitada per les paràboles $x = 3y^2 - 2$ i $x = 2 - y^2$ i cada secció transversal perpendicular a l'eix x és un quadrat. Determineu el seu volum.

99. Calculeu el volum del sòlid limitat inferiorment pel paraboloide $z = x^2 + y^2$ i superiorment pel pla $z = 10$. Indicació: estudieu els talls pels plans $z = c$.

100. Determineu el volum del con $x^2 = 2y^2 + 3z^2$ per $x \in [-1, 5]$. Indicació: considereu els talls pels plans $x = c$.

101. La base d'un cos sòlid és el disc $x^2 + y^2 \leq 16x$ i tota secció del cos per un pla perpendicular a l'eix OX és un rectangle d'alçada el doble de la distància d'aquest pla a l'origen de coordenades.

(a) Feu un dibuix del disc al pla i del sòlid a l'espai.

(b) Calculeu el volum del cos. (*Indicació*: per resoldre la integral és aconsellable completar quadrats.)

102. La base d'un cos sòlid és l'el·lipse $2x^2 + y^2 \leq 4$ i tota secció del cos per un pla perpendicular a l'eix OX és un quadrat.

(a) Feu un dibuix del sòlid a l'espai.

(b) Calculeu el volum del cos.

4.7 Miscel·lània

103. Trobeu $\mathrm{L}(f, P)$ i $\mathrm{U}(f, P)$ a cada un dels casos següents:

(a) $f(x) = x^2, \quad x \in [-1, 0], \quad P = \{-1, -\frac{1}{2}, -\frac{1}{4}, 0\}$.

(b) $f(x) = 1 + x^3, \quad x \in [0, 1], \quad P = \{0, \frac{1}{2}, 1\}$.

(c) $f(x) = |x|, \quad x \in [-1, 1], \quad P = \{-1, -\frac{1}{2}, 0, \frac{1}{2}, 1\}$.

(d) $f(x) = x^2, \quad x \in [-1, 1], \quad P = \{-1, -\frac{1}{4}, \frac{1}{4}, \frac{1}{2}, 1\}$.

104. Donada la funció $f(x) = x^2$, demostreu, aplicant la definició, que és integrable *Riemann* a l'interval $[0, 1]$. Feu el mateix per a la funció $g : [0, 1] \longrightarrow \mathbb{R}, \quad g(x) = x^3$.

105. Considerem $f : [0,2] \longrightarrow \mathbb{R}$ definida per:

$$f(x) = \begin{cases} 0 & si \quad x \neq 1 \\ a & si \quad x = 1 \end{cases} \quad a \in \mathbb{R}.$$

Demostreu que f és integrable i calculeu el valor de la integral.

106. Doneu un exemple d'una funció $f : [0,1] \longrightarrow \mathbb{R}$ que no sigui integrable a [0,1], però tal que $|f|$ sí que ho sigui.

107. Siguin f i g funcions contínues i $a < b$. Suposem que

$$\int_a^b f(x)\, dx > \int_a^b g(x)\, dx.$$

Responeu les qüestions següents, raonant la resposta:

(a) Es dedueix necessàriament que $\int_a^b (f(x) - g(x))\, dx > 0$?
(b) Es dedueix necessàriament que $f(x) > g(x)$ per a tot $x \in [a,b]$?
(c) Es dedueix necessàriament que $f(x) > g(x)$, almenys per a un punt $x \in [a,b]$?
(d) Es dedueix necessàriament que $\left|\int_a^b f(x)\, dx\right| > \left|\int_a^b g(x)\, dx\right|$?
(e) Es dedueix necessàriament que $\int_a^b |f(x)|\, dx > \int_a^b |g(x)|\, dx$?

108. Demostreu que

$$1 \leq \int_0^{\frac{\pi}{2}} \frac{\sin x}{x}\, dx \leq \frac{\pi}{2}.$$

109. Calculeu els límits següents:

(a) $\displaystyle \lim_{n\to\infty} \frac{1}{n}\left(\frac{1}{n^2} + \frac{4}{n^2} + \frac{9}{n^2} + \cdots + \frac{n^2}{n^2}\right).$
(b) $\displaystyle \lim_{n\to\infty} \frac{1}{n}\left(\sqrt[n]{e} + \sqrt[n]{e^2} + \cdots + \sqrt[n]{e^n}\right).$
(c) $\displaystyle \lim_{n\to\infty} \left(\frac{1}{\sqrt{n^2+1}} + \frac{1}{\sqrt{n^2+4}} + \frac{1}{\sqrt{n^2+9}} + \cdots + \frac{1}{\sqrt{2n^2}}\right).$
(d) $\displaystyle \lim_{n\to\infty} \left(\frac{1}{1+n} + \frac{1}{2+n} + \frac{1}{3+n} + \cdots + \frac{1}{2n}\right).$

110. Trobeu una fórmula de reducció per a les integrals següents

(1) $\int x^n e^{-x}\,dx$. (2) $\int \frac{e^{ax}}{x^n}\,dx$.

(3) $\int \ln^n x\,dx$. (4) $\int \sin^n x\,dx$.

(5) $\int \cosh^n x\,dx$. (6) $\int \operatorname{cotg}^n x\,dx$.

(7) $\int \frac{x^n}{\sqrt{a^2-x^2}}\,dx$. (8) $\int (a^2+x^2)^n\,dx$.

(9) $\int x^n \sin x\,dx$. (10) $\int e^x \cos^n x\,dx$.

(11) $\int \frac{1}{\sinh^n x}\,dx$. (12) $\int (\arcsin x)^n\,dx$.

(13) $\int \sin^m x \cos^n x\,dx$. (14) $\int \frac{\sin^n x}{\cos^m x}\,dx$.

111. Utilitzant el mètode de comparació, estudieu la convergència de les integrals impròpies següents:

(a) $\int_0^1 \frac{e^x}{\sqrt{1-x^3}}\,dx$.

(b) $\int_0^1 \frac{dx}{x-\sin x}$.

(c) $\int_0^1 \frac{x^2}{\sqrt[3]{(1-x^2)^5}}\,dx$.

(d) $\int_0^1 \sqrt{\frac{x}{1-x^4}}\,dx$.

112. Determineu l'àrea de l'el·lipse, primer en coordenades cartesianes i després en coordenades paramètriques.

113. Calculeu l'àrea determinada per l'astroide d'equacions paramètriques $x = a\cos^3 t,\ y = a\sin^3 t$.

114. Trobeu l'àrea determinada per un arc de la cicloide $x = a(t-\sin t), y = a(1-\cos t)$.

115. Calculeu l'àrea limitada per la corba $x = a(2\cos t - \cos 2t), y = a(2\sin t - \sin 2t)$.

116. Calculeu l'àrea del bucle de la corba donada en coordenades paramètriques per

$$x = a(t^2-1), y = b(4t-t^3).$$

117. Sigui A_k l'àrea compresa entre la corba $y = e^{-x}\sin x$, l'eix d'abscisses i els punts $x = (k-1)\pi$ i $x = k\pi$, $(k = 1, 2, 3, \ldots)$.

(a) Calculeu A_k.

(b) Quina relació hi ha entre A_k i A_{k+1}?

(c) Calculeu l'àrea limitada per la corba anterior i la part positiva de l'eix d'abscisses.

118. Dibuixeu les corbes $y = (x-1)e^{-2x}$ i $y = (x-1)^2e^{-2x}$. Trobeu l'àrea limitada per aquestes corbes per $x \geq 0$.

119. Trobeu el volum de revolució d'un arc de cicloide $x = a(t - \sin t), y = a(1 - \cos t)$, que gira al voltant de la seva base.

4.8 Breu resum teòric i fórmules d'ús freqüent

Aquí teniu una taula amb les integrals immediates més usuals. Fent abús de notació, escriurem f en comptes de $f(x)$.

$\int f' \cdot f^r \, dx = \frac{f^{r+1}}{r+1} + C \quad (r \neq -1)$	$\int \frac{f'}{f} \, dx = \ln \lvert f \rvert + C$
$\int f' \cdot e^f \, dx = e^f + C$	$\int f' \cdot a^f \, dx = \frac{a^f}{\ln a} + C \quad (a \in (0,\infty) - \{1\})$
$\int f' \cdot \cos f \, dx = \sin f + C$	$\int f' \cdot \sin f \, dx = -\cos f + C$
$\int \frac{f'}{\cos^2 f} \, dx = \operatorname{tg} f + C$	$\int \frac{f'}{\sin^2 f} \, dx = -\operatorname{cotg} f + C$
$\int \frac{f'}{\sin f} \, dx = \ln \left\lvert \operatorname{tg} \frac{f}{2} \right\rvert + C$	$\int \frac{f'}{\sqrt{1-f^2}} \, dx = \arcsin f + C$
$\int \frac{f'}{1+f^2} \, dx = \operatorname{arctg} f + C$	$\int f' \cdot \cosh f \, dx = \sinh f + C$
$\int f' \cdot \sinh f \, dx = \cosh f + C$	$\int \frac{f'}{\cosh^2 f} \, dx = \operatorname{tgh} f + C$
$\int \frac{f'}{\sinh^2 f} \, dx = -\operatorname{cotgh} f + C$	$\int \frac{f'}{\sqrt{f^2+1}} \, dx = \operatorname{arg\,sinh} f + C$
$\int \frac{f'}{\sqrt{f^2-1}} \, dx = \operatorname{arg\,cosh} f + C$	$\int \frac{f'}{1-f^2} \, dx = \operatorname{arg\,tgh} f + C$

Àrees i volums mitjançant integrals

- Àrea compresa entre la gràfica de la funció $y = f(x)$ i l'eix d'abscisses entre a i b:

$$\int_a^b |f(x)|\,dx.$$

- Àrea determinada per una corba donada en coordenades paramètriques: $x = x(t)$ i $y = y(t)$, quan $t \in [t_0, t_1]$:

$$\int_{t_0}^{t_1} y(t)x'(t)\,dt.$$

- Àrea de la regió determinada per una corba expressada en coordenades polars, $r = r(\alpha)$, i dos radis vectors, els d'angles α_0 i α_1:

$$\frac{1}{2}\int_{\alpha_0}^{\alpha_1} r^2(\alpha)\,d\alpha.$$

- Volum del sòlid de revolució obtingut en fer girar la corba $y = f(x)$ al voltant d'un eix horitzontal $y = m$ entre a i b:

$$\pi\int_a^b (f(x)-m)^2\,dx.$$

- Volum del sòlid de revolució obtingut en fer girar la corba $y = f(x)$ al voltant d'un eix vertical $x = m$ entre a i b:

$$2\pi\int_a^b (x-m)f(x)\,dx.$$

- Volum del sòlid de revolució obtingut en fer girar la corba $x = x(t)$, $y = y(t)$ al voltant de l'eix OX entre a i b:

$$V_{OX} = \pi\int_{t_0}^{t_1} y^2(t)x'(t)\,dt$$

  essent t_0 i t_1 els valors tals que $x(t_0) = a$ i $x(t_1) = b$.

- Volum del sòlid de revolució obtingut en fer girar la corba $x = x(t)$, $y = y(t)$ al voltant de l'eix OY entre a i b:

$$V_{OY} = \pi\int_{t_0}^{t_1} x(t)y(t)\,dt$$

  essent t_0 i $t_1$els valors tals que $x(t_0) = a$ i $x(t_1) = b$.

- Volum d'un sòlid que té $S(x)$ com l'àrea de la secció paral·lela al pla $x = 0$ per $x \in [a, b]$:

$$V = \int_a^b S(x)\,dx.$$

5

Inducció matemàtica, successions i sèries de nombres reals

5.1 Inducció matemàtica

1. Demostreu les igualtats següents:

(a) $1+2+3+\cdots+n=\dfrac{n(n+1)}{2} \quad \forall n\geq 1.$

(b) $\displaystyle\sum_{k=1}^{n} k(k+1)=\frac{n(n+1)(n+2)}{3} \quad \forall n\geq 1.$

(c) $1^3+2^3+\cdots+n^3=(1+2+\cdots+n)^2 \quad \forall n\geq 1.$

2. Demostreu les igualtats següents:

(a) $1^2+2^2+3^2+\cdots+n^2=\dfrac{n(n+1)(2n+1)}{6} \quad \forall n\geq 1.$

(b) $1-2^2+3^2-4^2+\cdots(-1)^{n+1}n^2=(-1)^{n+1}\dfrac{n(n+1)}{2} \quad \forall n\geq 1.$

(c) $1+2^4+3^4+4^4+\cdots+n^4=\dfrac{n(n+1)(2n+1)(3n^2+3n-1)}{30} \quad \forall n\geq 1$

3. Proveu per inducció i també directament (fent servir les propietats que sabeu dels nombres complexos) que

$$(1+i)^n=2^{\frac{n}{2}}\left(\cos\frac{n\pi}{4}+i\sin\frac{n\pi}{4}\right) \quad \forall n\geq 1$$

4. Sabent que $k!! = k \cdot (k-2) \cdot (k-4) \cdots 1$ si k és senar i $k!! = k \cdot (k-2) \cdot (k-4) \cdots 2$ si k és parell, proveu que

$$\int_0^1 (1-x^2)^n dx = \frac{(2n)!!}{(2n+1)!!} \quad \forall n \geq 1$$

5. Proveu, primer per inducció i després directament, la igualtat següent:

$$1 + r + r^2 + \cdots + r^n = \frac{1-r^{n+1}}{1-r} \quad \forall n \geq 1.$$

(Suma dels n primers termes d'una progressió geomètrica de primer terme 1 i raó r.)

6. Trobeu una fórmula per calcular la suma dels primers n termes d'una progressió geomètrica de raó r i primer terme a. Proveu-la per inducció.

7. Apliqueu la inducció matemàtica per veure si $n^2 + (n+1)^2 + (n+2)^2$ és múltiple de 3 per a $n \geq 1$.

8. Comproveu que a la igualtat següent es compleix $P(k) \Longrightarrow P(k+1)$:

$$1 + 2 + \cdots + n = \frac{1}{8}(2n+1)^2.$$

Tanmateix, és certa aquesta fórmula?

9. Demostreu que $n^3 + (n+1)^3 + (n+2)^3$ és múltiple de 9 per a tot n.

10. Demostreu que $5 \cdot 2^n + 2 \cdot 3^{2n}$ és múltiple de 7 per a tot n.

11. Trobeu una relació entre el nombre de costats d'un polígon i la suma dels seus angles. Proveu–la per inducció.

12. Trobeu una fórmula per a la suma dels n primers nombres naturals imparells. Demostreu-la per inducció.

13. Són certes les afirmacions següents?

(a) $n^2 - n + 5$ és un nombre primer per a $n \geq 2$.

(b) $-1^2 + 2^2 - 3^2 + 4^2 - 5^2 + \cdots - (2n-1)^2 + (2n)^2 = 2n^2 + n$ per a $n \geq 1$.

14. Recordem que $\binom{n}{k} = \frac{n!}{k!(n-k)!} \quad n, k \in \mathbb{N}$

(a) Proveu que

$$\binom{n+1}{k} = \binom{n}{k-1} + \binom{n}{k}.$$

(b) Demostreu per inducció la fórmula del binomi de *Newton*: $(a+b)^n = \sum_{j=0}^{n} \binom{n}{j} a^{n-j} b^j$.

(c) Proveu també les fórmules següents (no cal inducció):

$$2^n = \binom{n}{0} + \binom{n}{1} + \binom{n}{2} + \cdots + \binom{n}{n},$$

$$0 = \binom{n}{0} - \binom{n}{1} + \binom{n}{2} - \cdots \pm \binom{n}{n}.$$

15. Demostreu la desigualtat següent:

$$(1+h)^n \geq 1 + nh \quad h \geq -1, n \geq 1.$$

16. Demostreu la desigualtat $2^n \leq (n+1)!$.

5.2 *Concepte de límit*

17. Doneu almenys un exemple de

(a) successió creixent
(b) successió decreixent
(c) successió que no sigui ni creixent ni decreixent

Tenen límit les successions que heu proposat?

18. Trobeu dues successions no convergents tals que

(a) la seva suma sigui convergent,
(b) el seu producte sigui convergent,

(c) la seva suma i el seu producte siguin convergents.

19. Sabem que si $\lim_{n\to\infty} a_n = a$, aleshores $\lim_{n\to\infty} |a_n| = |a|$. Demostreu que el recíproc és fals trobant un contraexemple.

20. Sigui (a_n) una successió de nombres reals tals que $|a_n| \leq 1$. Què podem dir sobre el límit de (a_n)?

21. És possible que una successió amb infinits termes positius i infinits termes negatius tingui límit? Raoneu la resposta.

22. Què podem dir sobre una successió convergent de nombres enters?

23. Siguin (x_n) i (y_n) dues successions de nombres reals. És cert que si $0 \leq x_n \leq y_n$, $\forall\, n \in \mathbb{N}$ i $\lim_{n\to\infty} y_n$ existeix i és finit, aleshores existeix $\lim_{n\to\infty} x_n$? Justifiqueu la resposta.

24. Si (a_n) és una successió creixent i fitada de termes positius demostreu que

$$\lim_{n\to\infty} \sqrt[n]{a_1^n + a_2^n + \cdots + a_n^n} = \lim_{n\to\infty} a_n.$$

5.3 Successions recurrents

25. Sigui $x_n = \dfrac{a + x_{n-1}}{2}$ $n > 2$, $x_1 = 1$ i $x_2 = b$ amb a i b reals. Trobeu una expressió explícita per al terme n-èsim i calculeu $\lim_{n\to\infty} x_n$.

26. Demostreu que les successions següents definides per recurrència són monòtones i fitades, i calculeu-ne el límit:

(a) $x_1 = 1, \quad x_{n+1} = \dfrac{3x_n + 5}{9}$ per a $n \geq 1$.

(b) $a \in \mathbb{R} \quad a > 0, \quad x_1 = \sqrt{a}, \quad x_{n+1} = \sqrt{a x_n}$ per a $n \geq 1$.

(c) $x_1 = 2, \quad x_{n+1} = 2 - \dfrac{1}{x_n}$.

(d) $x_1 = 1, \quad x_{n+1} = \dfrac{2x_n + 3}{x_n + 2}$.

27. Si $0 < x_1 < 1$ i si $x_{n+1} = 1 - \sqrt{1 - x_n}$ per a tot $n \geq 1$, proveu que (x_n) és una successió decreixent i convergent; trobeu-ne el límit. Proveu, a més a més, que $\lim\limits_{n \to \infty} \dfrac{x_{n+1}}{x_n} = \frac{1}{2}$.

28. Donat $k \in \mathbb{R}^+$ es defineix per recurrència la successió de nombres reals següent: $a_n = \sqrt{k + a_{n-1}}$, amb $a_1 = \sqrt{k}$.

(a) Demostreu que la successió (a_n) és monòtona creixent.
(b) Demostreu per inducció que és fitada superiorment.
(c) És (a_n) una successió convergent? (raoneu la resposta). Trobeu el límit de (a_n) si existeix.

5.4 Càlcul de límits

29. Calculeu els límits següents:

(a) $\lim\limits_{n \to \infty} \dfrac{6}{n^2 + 5}$.
(b) $\lim\limits_{n \to \infty} 4^{1-n}$.
(c) $\lim\limits_{n \to \infty} n^n$.

30. Determineu els límits següents:

(a) $\lim\limits_{n \to \infty} \dfrac{1000}{3n^2 + 7}$.
(b) $\lim\limits_{n \to \infty} 3^{2-5n}$.
(c) $\lim\limits_{n \to \infty} (n!)^2$.

31. Resoleu les indeterminacions següents:

(a) $\lim\limits_{n \to \infty} \dfrac{3n + 2}{n^2 - n + 3}$.
(b) $\lim\limits_{n \to \infty} \dfrac{4n^2 - 3n + 5}{n^2 + n - 4}$.
(c) $\lim\limits_{n \to \infty} \dfrac{n^3 + 4n - 6}{n + 2}$.

32. Resoleu les indeterminacions següents:

(a) $\lim_{n\to\infty} \frac{2n+9}{2n^2-3n+1}$.

(b) $\lim_{n\to\infty} \frac{3n^2-n+5}{4n^2+2n-1}$.

(c) $\lim_{n\to\infty} \frac{n^3+n+4}{n^2+3}$.

33. Calculeu

$$\lim_{n\to\infty}\left(\sqrt{2n^2+n-2}-\sqrt{2n^2-3n-4}\right).$$

34. Calculeu

$$\lim_{n\to\infty}\left(\sqrt{3n^2+n-2}-\sqrt{3n^2-5n-4}\right).$$

35. Calculeu els límits següents:

(a) $\lim_{n\to\infty} \frac{2^{n+1}+3^{n+1}}{2^n+3^n}$.

(b) $\lim_{n\to\infty} \left(\sqrt[3]{n}-\sqrt[3]{n+2}\right)$.

36. Determineu els límits següents:

(a) $\lim_{n\to\infty} \frac{4^n+5^n}{4^{n+1}+5^{n+1}}$.

(b) $\lim_{n\to\infty} \left(\sqrt[3]{n^2+1}-\sqrt[3]{n^2-2n+1}\right)$.

37. Sigui (a_n) amb límit $+\infty$. Proveu que

$$\lim_{n\to\infty}\left(1+\frac{1}{a_n}\right)^{a_n}=e.$$

38. Demostreu que si (b_n) és una successió amb límit 1, aleshores

$$\lim_{n\to\infty} b_n^{a_n} = e^{\lim\limits_{n\to\infty} a_n\cdot(b_n-1)}.$$

39. Calculeu els límits següents:

(a) $\lim_{n\to\infty}\left(\dfrac{n^2-4n+1}{n^2+3}\right)^{2n}$

(b) $\lim_{n\to\infty}\left(\dfrac{3n+4}{3n-2}\right)^{n^2}$

40. Calculeu els límits següents:

(a) $\lim_{n\to\infty}\left(\dfrac{2n+3}{2n-3}\right)^{n+2}$

(b) $\lim_{n\to\infty}\left(\dfrac{n^2+n+5}{n^2+3n-1}\right)^{4n}$

41. Trobeu el valor de k per tal que es compleixi la igualtat següent:

$$\lim_{n\to\infty}\left(\sqrt{\frac{n^2+n+1}{n^2}}\right)^{\dfrac{kn^2+1}{n}}=e^2.$$

42. Trobeu la relació que ha d'haver entre a i b per tal que es compleixi la igualtat

$$\lim_{n\to\infty}\left(\frac{n+6}{n+4}\right)^{an+b}=\lim_{n\to\infty}\left(\frac{2n+b}{2n+5}\right)^{4n+a},\quad a,b\in\mathbb{R}.$$

43. Calculeu els límits següents:

(a) $\lim_{n\to\infty}\left(\dfrac{n^2-5n+6}{n^2-2n+1}\right)^{\dfrac{n^2+5}{n+2}}$.

(b) $\lim_{n\to\infty}\left(\sqrt{\dfrac{3n+2}{3n}}\right)^{\dfrac{1}{\sqrt{3n+2}-\sqrt{3n}}}$.

(c) $\lim_{n\to\infty}\left(\dfrac{n^2+2n-1}{n^2-3n+2}\right)^{\dfrac{2}{\sqrt{2n+3}-\sqrt{2n-1}}}$.

(d) $\lim_{n\to\infty}\left(\dfrac{an^2+bn+c}{an^2+n}\right)^{n}$ $(a\neq 0)$.

44. Determineu els límits següents:

(a) $\lim_{n\to\infty} \sqrt[n]{a^n+b^n} \qquad a,b \geq 0.$

(b) $\lim_{n\to\infty} \frac{n^n}{n!}.$

(c) $\lim_{n\to\infty} (n-\sqrt{n^2+an}).$

(d) $\lim_{n\to\infty} \left(\frac{n-2}{n^2+3n-1}\right)^{\sqrt{2n+1}}.$

(e) $\lim_{n\to\infty} \frac{\sqrt{n}}{n+1}\cos(n!).$

45. Calculeu els límits següents:

(a) $\lim_{n\to\infty} \frac{\sqrt[n]{e}+\sqrt[n]{e^2}+\cdots+\sqrt[n]{e^n}}{n}.$

(b) $\lim_{n\to\infty} \binom{n}{k}\cdot\frac{1}{n^k}.$

(c) $\lim_{n\to\infty} \frac{\sum_{k=1}^{n} \ln k}{n\ln n}.$

46. Determineu els límits següents:

(a) $\lim_{n\to\infty} \frac{\ln(n!)}{\ln(n^n)}.$

(b) $\lim_{n\to\infty} \sqrt[n]{\binom{n}{1}\cdot\binom{n}{2}\cdots\binom{n}{n}}$

(c) $\lim_{n\to\infty} \frac{\sqrt[n]{n!}}{n}.$

(d) $\lim_{n\to\infty} \left(\cos\sqrt{\frac{2\pi}{n}}\right)^n.$

47. Per a cada n, considerem la corba $y=x^n$ i la recta tangent a aquesta corba en el punt (1,1). Trobeu el límit, quan $n\to\infty$, de l'ordenada de la corba $y=x^n$ corresponent a l'abscissa on la tangent talla l'eix OX.

48. Sigui $y_n = \text{màx}\{y = nx(1-x)^n, \text{ quan } x \in [0,1]\}$. Calculeu el $\lim_{n\to\infty} y_n$.

5.5 Convergència de sèries numèriques

49. Escriviu els cinc primers sumands de les sèries que segueixen:

(a) $\sum_{n=1}^{\infty} \frac{1}{3n+1}$.

(b) $\sum_{n=1}^{\infty} 2^n$.

Són convergents?

50. Doneu un exemple de sèrie divergent i un altre de sèrie convergent. Raoneu les respostes.

51. Escriviu una progressió aritmètica. És convergent la sèrie que se n'obté? Raoneu la resposta

52. Donada la progressió geomètrica de raó r ($r \neq 0$) amb terme general $a_n = a \cdot r^{n-1}$ amb $a \neq 0$, es considera la sèrie $\sum_{n=1}^{\infty} a_n$. Deduïu les condicions que fan que aquesta sèrie sigui convergent.

53. Demostreu que si a_n i b_n són dues successions de nombres reals tals que $a_n = b_n - b_{n+1} \quad n \in \mathbb{N}$, aleshores la sèrie $\sum_{n=1}^{\infty} a_n$ és convergent si, i només si, la successió b_n és convergent. I en aquest cas, $\sum_{n=1}^{\infty} a_n = b_1 - L$ on $L = \lim b_n$.

54. Apliqueu el resultat del problema anterior per demostrar que $\sum_{n=1}^{\infty} \ln\left(\frac{n}{n+1}\right)$ és divergent, i que $\sum_{n=1}^{\infty} \frac{-2}{4n^2+8n+3} = -\frac{1}{3}$.

55. Comproveu que la sèrie

$$\sum_{n=1}^{\infty} \frac{a^n}{(1-a^n)(1-a^{n+1})} \qquad (|a| \neq 1)$$

és telescòpica. Determineu si és convergent o no ho és, i en cas que ho sigui, trobeu-ne la suma.

56. Comproveu que la sèrie

$$\sum_{n=1}^{\infty} \frac{1}{n\sqrt{n+1}+(n+1)\sqrt{n}}.$$

és telescòpica. Determineu si és convergent o no ho és, i en cas que ho sigui, trobeu-ne la suma.

5.6 Criteris de convergència per a sèries de termes positius

57. Fent servir el criteri de comparació ordinari, estudieu el caràcter de les sèries:

$$\text{(a)} \sum_{n=1}^{\infty} \frac{\cos^2(3n^4+2n-5)}{3^n}; \qquad \text{(b)} \sum_{n=1}^{\infty} \frac{1}{\ln(n+1)}.$$

58. Estudieu la convergència de les sèries següents:

(a) $\displaystyle\sum_{n=1}^{\infty} \frac{2}{n+3}$

(b) $\displaystyle\sum_{n=1}^{\infty} \frac{n}{n^3+5}$

(c) $\displaystyle\sum_{n=1}^{\infty} \frac{n^2+1}{n}$

59. Estudieu la convergència de les sèries següents:

(a) $\displaystyle\sum_{n=1}^{\infty} \frac{4}{2n-5}$

(b) $\displaystyle\sum_{n=1}^{\infty} \frac{4n}{3n^3-6n+2}$

(c) $\displaystyle\sum_{n=1}^{\infty} \frac{n^2+5}{n+1}$

60. Determineu el caràcter de les sèries següents:

$$\text{(a)} \sum_{n=1}^{\infty} \left(\frac{\alpha n+\beta}{\alpha n}\right)^{2n^2} \quad (\alpha \neq 0); \qquad \text{(b)} \sum_{n=1}^{\infty} \sqrt{\frac{n}{n^4+1}}.$$

61. Estudieu el caràcter de les sèries de termes positius següents:

(1) $\sum_{n=1}^{\infty}\left(\frac{n+1}{n^2}\right)^n$. (2) $\sum_{n=1}^{\infty}\left(\frac{n+1}{n}\right)^n$.

(3) $\sum_{n=1}^{\infty}\frac{1}{n}\sin(\frac{\pi}{\sqrt{n}})$. (4) $\sum_{n=2}^{\infty}\frac{1}{(\ln n)^{\ln n}}$.

(5) $\sum_{n=1}^{\infty}\frac{1}{\sqrt{n^2+5}+\sqrt{n}}$. (6) $\sum_{n=1}^{\infty}(\sqrt{n^2+1}-n)$.

(7) $\sum_{n=1}^{\infty}\left(1-\frac{1}{n}\right)^n$. (8) $\sum_{n=1}^{\infty}\left(1-\frac{1}{\sqrt{n}}\right)^n$.

(9) $\sum_{n=1}^{\infty}\frac{1}{1+\frac{1}{2}+\frac{1}{4}+\cdots+\frac{1}{2^n}}$. (10) $\sum_{n=1}^{\infty}\left(\frac{1}{n}-e^{-n^2}\right)$.

62. Estudieu el caràcter de les sèries de termes positius següents:

(1) $\sum_{n=2}^{\infty}\frac{1}{(\ln n)^p}$. (2) $\sum_{n=2}^{\infty}\frac{1}{(\ln n)^n}$.

(3) $\sum_{n=1}^{\infty}\frac{n^n}{e^n}$. (4) $\sum_{n=1}^{\infty}\frac{n!}{e^n}$.

(5) $\sum_{n=1}^{\infty}\frac{e^n}{n^n}$. (6) $\sum_{n=1}^{\infty}\frac{|x|^n}{e^n}$.

(7) $\sum_{n=1}^{\infty}\frac{1}{e^{\ln n}}$. (8) $\sum_{n=1}^{\infty}\frac{\sqrt{n^2+n+1}-\sqrt{n^2-n+1}}{n}$.

(9) $\sum_{n=1}^{\infty}\frac{(n!)^2}{(2n)!}$. (10) $\sum_{n=1}^{\infty}\frac{n}{e^{n^2}}$.

(11) $\sum_{n=1}^{\infty}\frac{1}{\sqrt{e^n}}$. (12) $\sum_{n=1}^{\infty}\frac{n!}{e^{n^2}}$.

5.7 Convergència absoluta i condicional d'una sèrie

63. Demostreu que si $\sum_{n=1}^{\infty} a_n$ és absolutament convergent, aleshores també ho són les sèries

(a) $\sum_{n=1}^{\infty} a_n^2$ (b) $\sum_{n=1}^{\infty}\frac{a_n}{1+a_n}$ $(a_n \neq -1)$ (c) $\sum_{n=1}^{\infty}\frac{a_n^2}{1+a_n^2}$.

64. Estudieu el caràcter de les sèries

$$\text{(a)} \sum_{n=1}^{\infty} \left(1+\frac{1}{n}\right)^n \frac{(-1)^n}{n}; \qquad \text{(b)} \sum_{n=1}^{\infty} \frac{(-1)^n}{n} \frac{n+1}{n}.$$

65. Estudieu la convergència absoluta i condicional de les sèries de nombres reals següents:

$$\text{(1)} \sum_{n=1}^{\infty} \frac{(-1)^n}{n^2+n+1}. \qquad \text{(2)} \sum_{n=1}^{\infty} \frac{(-1)^n n}{2^n}.$$

$$\text{(3)} \sum_{n=1}^{\infty} (-1)^n \frac{n}{n+1}. \qquad \text{(4)} \sum_{n=1}^{\infty} (-1)^n \left[\frac{\pi}{2} - \operatorname{arctg}(\ln n)\right].$$

$$\text{(5)} \sum_{n=1}^{\infty} (-1)^{n-1} \left[e - \left(1+\frac{1}{n}\right)^n\right]. \qquad \text{(6)} \sum_{n=1}^{\infty} (-1)^n \left[1 - n\sin\frac{1}{n}\right].$$

$$\text{(7)} \sum_{n=1}^{\infty} \frac{(-1)^n n}{\ln(2n)}. \qquad \text{(8)} \sum_{n=1}^{\infty} \frac{n}{(-2)^{n-1}}.$$

$$\text{(9)} \sum_{n=1}^{\infty} (-1)^{n-1} \frac{3n+2}{4n^2-3}. \qquad \text{(10)} \sum_{n=1}^{\infty} \frac{(-1)^{\frac{n(n+1)}{2}}}{3^n}.$$

66. Estudieu la convergència absoluta i condicional de les sèries de nombres reals següents:

$$\text{(1)} \sum_{n=1}^{\infty} \frac{(-1)^n}{\ln(n+1)}. \qquad \text{(2)} \sum_{n=1}^{\infty} \frac{1}{(-2)^{n-1}}.$$

$$\text{(3)} \sum_{n=1}^{\infty} \frac{\sin nx}{n(n+1)} \quad (x \in \mathbb{R}). \qquad \text{(4)} \sum_{n=1}^{\infty} (-1)^{n+1} \frac{1}{n!}.$$

$$\text{(5)} \sum_{n=1}^{\infty} a\,\frac{b^n}{n!} \quad (a,b \in \mathbb{R}). \qquad \text{(6)} \sum_{n=1}^{\infty} \frac{\cos n\pi}{n+1}.$$

$$\text{(7)} \sum_{n=1}^{\infty} \frac{\cos n}{n^2}. \qquad \text{(8)} \sum_{n=1}^{\infty} (-1)^n e^{-3n+1}.$$

67. Determineu el caràcter de la sèrie

$$\sum_{n=1}^{\infty} (-1)^{\frac{n^2+n}{2}} \frac{2\cdot 4 \cdots 2n}{n^n e^{5-\frac{3}{n}}}.$$

68. Analitzeu el caràcter de la sèrie

$$\sum_{n=1}^{\infty} (-1)^n \frac{n^2}{2^n} \cos n.$$

5.8 Sumació de tipus especials de sèries

69. Es deixa anar una pilota de goma des d'una altura de sis metres i comença a botar, assolint en cada bot $\frac{3}{4}$ de l'altura del bot anterior. Trobeu la distància total que recorrerà la pilota suposant que només es mou en sentit vertical.

70. L'americà John Smith ha anunciat que recorrerà una certa distància de la manera següent: el primer dia tot el que pugui, el segon dia la meitat que el primer, el tercer dia la meitat que el segon, i aix í, successivament. Quina distància podria recórrer John Smith si disposés de tot el temps de l'univers?

71. Una companyia d'assegurances del Vallès ofereix a una de les seves millors clientes, la Pepita Segura, cobrar mensualment 600 euros a partir dels 65 anys. La Pepita, tanmateix, preferiria cobrar a partir d'ara i diàriament de la manera següent: el primer dia 18000 euros, el segon dia els 2/3 del dia anterior, el tercer els 2/3 del que ha cobrat el segon dia, i així successivament. Suposant que visqués indefinidament, quant cobraria la Pepita si la companyia accepta la seva proposta?

72. L'any 2000 els ingressos d'un diari per publicitat van ser de 18000 euros. Des de fa uns anys han observat una reducció del 5% en els ingressos anuals per aquest concepte.

(a) Quan tindran uns ingressos inferiors a 12000 euros?

(b) Si el diari no tanca i continua la tendència anterior, quins ingressos acumulats tindran per publicitat comptant a partir de l'any 2000?

73. Calculeu

$$\sum_{n=1}^{\infty} \frac{1}{n(n+1)(n+2)}.$$

74. Demostreu que la sèrie

$$\sum_{n=1}^{\infty} \frac{3}{9n^2+3n-2}$$

és convergent i trobeu-ne la suma.

75. Trobeu el valor de x per tal que la suma de la sèrie

$$S = 1 + 4x + 9x^2 + 16x^3 + 25x^4 + \cdots$$

sigui 12.

76. Estudieu el caràcter de la sèrie

$$\sum_{n=0}^{\infty} \frac{n^2+1}{n!} a^n ,$$

i trobeu-ne la suma, si és possible.

77. Determineu el caràcter de les sèries següents i calculeu-ne les sumes en cas que siguin convergents:

(1) $\sum_{n=1}^{\infty} \frac{n}{2^n}$.

(2) $\sum_{n=1}^{\infty} \frac{n^2+n+1}{3^n}$.

(3) $\sum_{n=3}^{\infty} \frac{4n-3}{(n-2)n(n+3)}$.

(4) $\sum_{n=1}^{\infty} \frac{11 \cdot 17 \cdot 23 \cdots [11+6(n-1)]}{1 \cdot 7 \cdot 13 \cdots [1+6(n+1)]}$.

(5) $\sum_{n=1}^{\infty} \frac{1}{n(n+2)}$.

(6) $\sum_{n=1}^{\infty} \frac{1}{n(n+1)(n+2)\cdots(n+m-1)}$ per a $m \geq 2$.

(7) $\sum_{n=2}^{\infty} \frac{1}{n^2-1}$.

(8) $\sum_{n=1}^{\infty} \frac{n!a^n}{(1+a)(1+2a)\cdots(1+na)}$ amb $0 < a < 1$.

(9) $\sum_{n=1}^{\infty} \ln\left(\frac{n^2+2n+2}{n^2+1}\right)$.

(10) $\sum_{n=1}^{\infty} \frac{4}{4n^2+8n+3}$.

78. Sumeu les sèries següents:

(1) $\sum_{n=0}^{\infty} \frac{n^2+3n-1}{n!}$.

(2) $\sum_{n=1}^{\infty} \frac{n^3+2n+1}{(n-1)!}$.

(3) $\sum_{n=1}^{\infty} \frac{n^3-1}{n!}$.

(4) $\sum_{n=2}^{\infty} \frac{3n^2-1}{(n+1)!}$.

(5) $\sum_{n=1}^{\infty} \operatorname{arctg} \frac{1}{1+n(n+1)}$.

(6) $\sum_{n=p}^{\infty} \frac{1}{\binom{n}{p}}$.

(7) $\sum_{n=1}^{\infty} \frac{1}{(4n-1)^2-1}$.

(8) $\sum_{n=2}^{\infty} \ln\left(1-\frac{1}{n^2}\right)$.

5.9 Sèries de potències reals

79. Sigui $f(x) = \frac{1}{\sqrt[4]{1+4x^2}}$. Desenvolupeu $f(x)$ en sèrie de potències de x i trobeu l'interval de convergència de la sèrie.

80. Desenvolupeu la funció $f(x) = \sqrt[3]{1+x^4}$ en sèrie de potències de x i determineu l'interval de convergència de la sèrie.

81. Donada la sèrie de potències

$$\sum_{n=1}^{\infty} \frac{e^{\frac{1}{n+1}}}{n\,2^{n+2}} x^n,$$

determineu-ne l'interval de convergència i estudieu el comportament als extrems d'aquest interval.

82. Calculeu el radi i l'interval de convergència de les sèries de potències següents (estudieu també la convergència als extrems de l'interval):

(1) $\displaystyle\sum_{n=1}^{\infty} \frac{n^{2n+1}}{2^{n^2+1}} x^n$. (2) $\displaystyle\sum_{n=0}^{\infty} \frac{n^3}{4^n} x^n$.

(3) $\displaystyle\sum_{n=1}^{\infty} \frac{(2n)!!}{(2n+1)!!} x^n$. (4) $\displaystyle\sum_{n=0}^{\infty} \frac{(-1)^n}{(n+1)(n+2)} x^n$.

(5) $\displaystyle\sum_{n=0}^{\infty} \frac{(x-2)^n}{n^2+1}$. (6) $\displaystyle\sum_{n=1}^{\infty} (-1)^{n+1} \frac{x^n}{n^2}$.

(7) $\displaystyle\sum_{n=1}^{\infty} \frac{x^n}{n+\sqrt{n}}$. (8) $\displaystyle\sum_{n=0}^{\infty} \frac{n^k}{n!} x^n$.

83. Calculeu el radi i l'interval de convergència de les sèries de potències següents (estudieu també la convergència als extrems de l'interval):

(1) $\displaystyle\sum_{n=1}^{\infty} \frac{(x+1)^n}{\sqrt{n}}$. (2) $\displaystyle\sum_{n=0}^{\infty} n!(x-1)^n$.

(3) $\displaystyle\sum_{n=2}^{\infty} \frac{x^n}{(\ln n)^n}$. (4) $\displaystyle\sum_{n=1}^{\infty} \frac{n!}{n^{n+2}} x^n$.

(5) $\displaystyle\sum_{n=1}^{\infty} \frac{e^{\frac{1}{n}}}{n2^n} x^n$. (6) $\displaystyle\sum_{n=1}^{\infty} \frac{(-1)^n n^2}{2n-1} (x-2)^n$.

84. Fent servir les propietats de derivació i/o integració de les sèries de potències, trobeu la funció suma de les sèries següents:

(a) $\displaystyle\sum_{n=1}^{\infty} \frac{x^n}{n}$.

(b) $\displaystyle\sum_{n=1}^{\infty}(-1)^{n-1}\frac{x^{2n-1}}{2n-1}$.

(c) $\displaystyle\sum_{n=2}^{\infty}\frac{x^n}{n(n-1)}$.

85. Fent servir les propietats de derivació i/o integració de les sèries de potències, trobeu la funció suma de les sèries següents:

(a) $\displaystyle\sum_{n=1}^{\infty}n^2x^n$.

(b) $\displaystyle\sum_{n=1}^{\infty}\frac{(n+1)(n+2)}{2}x^n$.

(c) $\displaystyle\sum_{n=1}^{\infty}\frac{n}{(n+1)(n+2)}x^n$.

86. Utilitzant sèries de potències, calculeu les sumes de les sèries numèriques següents:

(a) $\displaystyle\frac{1}{2\cdot 2\cdot 3}+\frac{1}{2^2\cdot 2\cdot 4}+\frac{1}{2^3\cdot 3\cdot 5}+\frac{1}{2^4\cdot 4\cdot 6}+\frac{1}{2^5\cdot 5\cdot 7}+\cdots$

(b) $\displaystyle-\frac{2^3}{3^4}+\frac{2^4}{3^5\cdot 2}-\frac{2^5}{3^6\cdot 3}+\frac{2^6}{3^7\cdot 4}-\frac{2^7}{3^8\cdot 5}+\cdots$

(c) $\displaystyle 1-\frac{1}{4}+\frac{1}{7}-\frac{1}{10}+\frac{1}{13}-\cdots$

87. Desenvolupeu en sèrie de potències de x les funcions següents, determinant els radis de convergència corresponents:

(1) $f(x)=e^x$. (2) $f(x)=\sin x$.

(3) $f(x)=\cos x$. (4) $f(x)=\sinh x$.

(5) $f(x)=\cosh x$. (6) $f(x)=\ln(1+x)$.

88. Desenvolupeu en sèrie de potències de x les funcions següents, determinant els radis de convergència corresponents:

(1) $f(x)=\operatorname{arctg} x$. (2) $f(x)=(1+x)^{\alpha}$ $(\alpha\in\mathbb{R})$.

(3) $f(x)=\arcsin x$. (4) $f(x)=\displaystyle\int_0^x\frac{\sin t}{t}\,dt$.

89. Sigui la funció

$$f(x)=\sum_{n=1}^{\infty}\frac{(-1)^n}{n2^n}(x+1)^n.$$

(a) Trobeu el domini de f, és a dir, l'interval de convergència de la sèrie (estudieu també la convergència als extrems de l'interval).

(b) Calculeu $f^{(4)}(-1)$ i $\int_{-1}^{0} f(t)\,dt$.

90. Calculeu el radi i l'interval de convergència de la sèrie de potències

$$\sum_{n=2}^{\infty}\frac{\ln n}{n}x^n.$$

Estudieu també la convergència als extrems de l'interval.

91. Desenvolupeu en sèrie de potències de x la funció

$$f(x)=\int_0^x e^{-t^2}\,dt.$$

Quin és el radi de convergència d'aquesta sèrie? Trobeu raonadament $f^{(25)}(0)$ i $f^{(2000)}(0)$.

92. Doneu el desenvolupament en sèrie de potències de x de la funció

$$f(x)=\int_0^x \sin(t)\,dt.$$

Quin és el radi de convergència d'aquesta sèrie? Determineu raonadament els valors de $f^{(251)}(0)$ i $f^{(2004)}(0)$.

5.10 Miscel·lània

93. Demostreu la igualtat trigonomètrica següent:

$$\sum_{k=1}^{n}\sin kx=\frac{\sin\frac{(n+1)x}{2}\sin\frac{nx}{2}}{\sin\frac{x}{2}}\qquad \forall n\geq 1,\, x\neq 2p\pi,\, p\in\mathbb{Z}$$

94. Demostreu la igualtat trigonomètrica següent:

$$\sum_{k=1}^{n}\cos(2k-1)x=\frac{\sin 2nx}{2\sin x}\qquad \forall n\geq 1, x\neq p\pi, p\in\mathbb{Z}$$

95. Apliqueu el criteri d'Stolz per calcular els límits següents:

(a) $\lim_{n\to\infty} \frac{1^2+2^2+3^2+\cdots+n^2}{n^3}$.

(b) $\lim_{n\to\infty} \frac{1!+2!+3!+\cdots+n!}{n!}$.

96. Apliqueu el criteri d'Stolz per calcular els límits següents:

(a) $\lim_{n\to\infty} \frac{n\ln n}{1+2+\cdots+n}$.

(b) $\lim_{n\to\infty} \frac{1^r+2^r+3^r+\cdots+n^r}{n^{r+1}}$.

97. Demostreu el criteri de la mitjana aritmètica: si (a_n) és una successió convergent amb límit l, aleshores

$$\lim_{n\to\infty} \frac{a_1+a_2+\cdots+a_n}{n} = l.$$

És cert el recíproc? Justifiqueu la resposta.

98. Sigui (a_n) una successió de nombres reals amb límit a. Calculeu

$$\lim_{n\to\infty} \frac{a_1+2a_2+\cdots+na_n}{n^2}.$$

99. Calculeu el límit següent:

$$\lim_{n\to\infty} \left(\frac{\sqrt[n]{a}+\sqrt[n]{b}+\sqrt[n]{c}}{3} \right)^n \qquad a,b,c>0.$$

100. Sigui $y = e^{\frac{nx}{x^2+1}}$. Trobeu els $\lim_{n\to\infty} y_{\max}$ i $\lim_{n\to\infty} y_{\min}$.

101. Estudieu el caràcter de la sèrie de nombres reals següent, segons els valors del paràmetre p:

$$\sum_{n=1}^{\infty} \left(\frac{1\cdot 3\cdot 5\cdots(2n-1)}{2\cdot 4\cdot 6\cdots 2n} \right)^p.$$

102. Estudieu el caràcter de la sèrie següent segons els valors del paràmetre a, amb $a \geq -1$:

$$\sum_{n=1}^{\infty} \frac{(a+1)(a+2)\cdots(a+n)}{(n+3)!}.$$

103. Estudieu en funció del paràmetre α el caràcter de la sèrie següent:

$$\sum_{n=0}^{\infty} \frac{2}{\alpha^n + \alpha^{-n}} \quad \alpha > 0.$$

104. Sigui (a_n) una successió decreixent de nombres reals positius. Proveu que la sèrie $\sum_{n=1}^{\infty} a_n$ és convergent si, i només si, ho és la sèrie $\sum_{n=1}^{\infty} 2^n a_{2^n}$. (*Criteri de condensació de Cauchy.*) Fent servir el criteri de condensació de Cauchy, determineu la convergència o divergència de

$$\sum_{n=2}^{\infty} \frac{1}{n(\ln n)^p}$$

segons els valors de p.

105. A quina hora entre les tres i les quatre coincidiran les busques del rellotge?

106. A quina hora entre les tres i les quatre les busques del rellotge formaran un angle de 180°?

5.11 Breu resum teòric i fórmules d'ús freqüent

Infinitèsims equivalents

Suposem que $x_n \to 0$, és a dir, x_n és un infinitèsim, aleshores:

- $x_n \sim \sin x_n \sim \operatorname{tg} x_n \sim \operatorname{arctg} x_n \sim \sinh x_n$.
- $1 - \cos x_n \sim x_n^2/2$.
- $\cosh x_n - 1 \sim x_n^2/2$.
- $\ln(1 \pm x_n) \sim \pm x_n$, $(y_n \to 1 \Longrightarrow \ln y_n \sim y_n - 1)$.
- $a^{x_n} - 1 \sim x_n \ln a$. $\left(\text{Un cas particular és } a^{1/n} - 1 \sim \dfrac{\ln a}{a}\right)$.
- $(1 + x_n)^k - 1 \sim k x_n$.

Infinits equivalents

- $a_k n^k + a_{k-1} n^{k-1} + \cdots + a_1 n + a_0 \sim a_k n^k.$
- $\ln(a_k n^k + a_{k-1} n^{k-1} + \cdots + a_1 n + a_0) \sim \ln(n^k).$
- $n! \sim n^n e^{-n} \sqrt{2\pi n}$ (fórmula de *Stirling).*
- $\dfrac{(2n)!!}{(2n-1)!!} \sim \sqrt{2\pi n}.$
- $\ln n \sim 1 + \dfrac{1}{1} + \dfrac{1}{2} + \cdots + \dfrac{1}{n}.$

Criteris de convergència per a successions

- **Criteri de l'arrel *n*-èsima**

  Sigui (x_n) una successió de termes reals positius, aleshores
  $$\lim_{n\to\infty} \frac{x_{n+1}}{x_n} = L \Rightarrow \lim_{n\to\infty} \sqrt[n]{x_n} = L \quad \text{on } L \in \mathbb{R} \cup \{+\infty, -\infty\}.$$

- **Criteri del quocient**

  Sigui (x_n) una successió de nombres reals positius tal que existeix $\lim\limits_{n\to\infty} \dfrac{x_{n+1}}{x_n} = L$. Aleshores
  $$L < 1 \Rightarrow \lim_{n\to\infty} x_n = 0.$$

- **Criteri infinitèsim per fitada**

  Siguin (x_n) i (y_n) successions de nombres reals tals que $\lim\limits_{n\to\infty} x_n = 0$ i (y_n) és fitada. Aleshores
  $$\lim_{n\to\infty} x_n y_n = 0.$$

- **Criteri de l'entrepà**

  Siguin $(x_n), (y_n)$ i (z_n) successions de nombres reals amb $\lim\limits_{n\to\infty} x_n = \lim\limits_{n\to\infty} z_n = L$ on $L \in \mathbb{R} \cup \{+\infty, -\infty\}$ i tals que
  $$\text{existeix un } n_0 \in \mathbb{N} \text{ amb } x_n < y_n < z_n \text{ per a tot } n \geq n_0$$
  aleshores $\lim\limits_{n\to\infty} y_n = L$.

- **Criteri d'Stolz**

  Siguin (x_n) i (y_n) successions de nombres reals amb (y_n) estrictament creixent cap a $+\infty$. Aleshores

$$\lim_{n\to\infty}\frac{x_{n+1}-x_n}{y_{n+1}-y_n}=L\Rightarrow\lim_{n\to\infty}\frac{x_n}{y_n}=L,\quad \text{on } L\in\mathbb{R}\cup\{+\infty,-\infty\}.$$

- **Un altre criteri d'Stolz**

  Siguin (x_n) i (y_n) successions de nombres reals tals que $\lim\limits_{n\to\infty}x_n=\lim\limits_{n\to\infty}y_n=0$, amb (y_n) monòtona. Aleshores

$$\lim_{n\to\infty}\frac{x_{n+1}-x_n}{y_{n+1}-y_n}=L\Rightarrow\lim_{n\to\infty}\frac{x_n}{y_n}=L,\quad \text{on } L\in\mathbb{R}\cup\{+\infty,-\infty\}.$$

Criteris de convergència per a sèries numèriques

- **Criteri de comparació ordinari**

  Siguin $\sum\limits_{n=1}^{\infty}a_n$ i $\sum\limits_{n=1}^{\infty}b_n$ dues sèries de termes no negatius. Suposem que existeixen $k>0$ i $n_0\in\mathbb{N}$, tals que $a_n\leq kb_n$ per $n\geq n_0$. Aleshores,

$$\sum_{n=1}^{\infty}b_n \text{ és convergent } \Longrightarrow \sum_{n=1}^{\infty}a_n \text{ és convergent.}$$

  Equivalentment,

$$\sum_{n=1}^{\infty}a_n \text{ és divergent } \Longrightarrow \sum_{n=1}^{\infty}b_n \text{ és divergent.}$$

- **Criteri de comparació per pas al límit o generalitzat**

  Siguin $\sum\limits_{n=1}^{\infty}a_n$ i $\sum\limits_{n=1}^{\infty}b_n$ dues sèries de termes no negatius. Suposem que existeix $l=\lim\limits_{n\to\infty}\dfrac{a_n}{b_n}$. Aleshores

  (1) $l\neq 0, l\neq+\infty\Longrightarrow$ les dues sèries tenen el mateix caràcter.

  (2) $l=0$ i $\sum\limits_{n=1}^{\infty}b_n$ és convergent $\Longrightarrow$ $\sum\limits_{n=1}^{\infty}a_n$ és convergent.

  (3) $l=+\infty$ i $\sum_{n=1}^{\infty}b_n$ és divergent $\Longrightarrow$ $\sum_{n=1}^{\infty}a_n$ és divergent.

- **Criteri de les sèries harmòniques**

La sèrie $\sum_{n=1}^{\infty} \frac{1}{n^k}$ s'anomena *harmònica generalitzada*. És convergent si $k > 1$ i divergent si $k \leq 1$.

- **Criteri de l'arrel o de Cauchy**

Sigui $\sum_{n=1}^{\infty} a_n$ una sèrie de termes no negatius.

(a) Suposem que existeix $l = \lim_{n \to \infty} \sqrt[n]{a_n}$, aleshores

(1) $l < 1 \implies$ la sèrie és convergent.

(2) $l > 1 \implies$ la sèrie és divergent.

(3) Si $l = 1$, el criteri no decideix.

(b) Si existeix $n_0 \in \mathbb{N}$ tal que per $n \geq n_0$ és $\sqrt[n]{a_n} \leq r$ per cert $r < 1$, aleshores $\sum_{n=1}^{\infty} a_n$ és convergent. Si per infinits valors de n es té $\sqrt[n]{a_n} \geq 1$, llavors $\sum_{n=1}^{\infty} a_n$ és divergent.

- **Criteri del quocient o de D'Alembert**

Sigui $\sum_{n=1}^{\infty} a_n$ una sèrie de termes no negatius.

(a) Suposem que existeix $l = \lim_{n \to \infty} \frac{a_{n+1}}{a_n}$ aleshores,

(1) $l < 1 \implies$ la sèrie és convergent.

(2) $l > 1 \implies$ la sèrie és divergent.

(3) Si $l = 1$, el criteri no decideix.

(b) Si existeix $n_0 \in \mathbb{N}$ tal que per $n \geq n_0$ és $\frac{a_{n+1}}{a_n} \leq r$ per cert $r < 1$, aleshores $\sum_{n=1}^{\infty} a_n$ convergeix. Si per $n \geq n_0$ és $\frac{a_{n+1}}{a_n} \geq 1$, llavors $\sum_{n=1}^{\infty} a_n$ divergeix.

- **Criteri integral**

Aquest criteri compara una sèrie amb una integral impròpia. Sigui f una funció no negativa, monòtona decreixent definida en $[1, +\infty)$ i localment integrable. $\sum_{n=1}^{\infty} f(n)$ és convergent $\iff \int_1^{+\infty} f(x)\, dx$ és convergent.

- **Criteri de condensació de Cauchy**

  Sigui (a_n) una successió decreixent de nombres reals no negatius. Aleshores

$$\sum_{n=1}^{\infty} a_n \text{ és convergent } \iff \sum_{n=0}^{\infty} 2^n a_{2^n} \text{ és convergent.}$$

- **Criteri del logaritme**

  Sigui $\sum_{n=1}^{\infty} a_n$ una sèrie de termes estrictament positius.

  (a) Suposem que existeix $l = \lim_{n\to\infty} \frac{\ln \frac{1}{a_n}}{\ln n}$, aleshores

  (1) $l > 1 \implies \sum_{n=1}^{\infty} a_n$ és convergent.

  (2) $l < 1 \implies \sum_{n=1}^{\infty} a_n$ és divergent.

  (3) Si $l = 1$, el criteri no decideix.

  (b) Si existeix $n_0 \in \mathbb{N}$ tal que $\forall n \geq n_0$ es té $\frac{\ln \frac{1}{a_n}}{\ln n} \geq r$, per cert $r > 1$, llavors $\sum_{n=1}^{\infty} a_n$ és convergent. Si existeix $n \in \mathbb{N}$ tal que $\forall n \geq n_0$ es té $\frac{\ln \frac{1}{a_n}}{\ln n} \leq 1$, aleshores $\sum_{n=1}^{\infty} a_n$ és divergent.

- **Criteri de Raabe**

  Sigui $\sum_{n=1}^{\infty} a_n$ una sèrie de termes estrictament positius.

  (a) Suposem que existeix $l = \lim_{n\to\infty} n\left(\frac{a_n}{a_{n+1}} - 1\right)$, aleshores

  (1) $l > 1 \implies \sum_{n=1}^{\infty} a_n$ convergeix.

  (2) $l < 1 \implies \sum_{n=1}^{\infty} a_n$ divergeix.

  (3) Si $l = 1$, el criteri no decideix.

  (b) Si existeix $n_0 \in \mathbb{N}$ tal que $\forall n \geq n_0$ es té $n\left(\frac{a_n}{a_{n+1}} - 1\right) \geq r$ per un cert $r > 1$, aleshores $\sum_{n=1}^{\infty} a_n$ és convergent. Si per $n \geq n_0$ és $n\left(\frac{a_n}{a_{n+1}} - 1\right) \leq 1$, llavors $\sum_{n=1}^{\infty} a_n$ és divergent.

- **Criteri de Leibniz per a sèries alternades**

Sigui $\sum_{n=1}^{\infty}(-1)^{n+1}a_n$, $a_n > 0$, una sèrie alternada amb (a_n) decreixent. Aleshores

$$\sum_{n=1}^{\infty}(-1)^{n+1}a_n \text{ és convergent } \Longleftrightarrow \lim_{n\to\infty} a_n = 0.$$

6

Solucions dels problemes

6.1 Els nombres

1. (a) $\frac{23122}{999}$.

(b) $\frac{5390383}{1666500}$.

(c) 2.

2. (a) $\frac{37490}{999}$.

(b) $\frac{61946146}{9999000}$.

(c) 435.

3. No. Per exemple, $2 \in \mathbb{Q}$ i, en canvi, $\sqrt{2} \notin \mathbb{Q}$.

4. 1.
Infinits.
Infinits.

5. No. Per exemple, els nombres $\sqrt{2}$ i $1-\sqrt{2}$ són irracionals, però $\sqrt{2}+(1-\sqrt{2}) \in \mathbb{Q}$ i $\sqrt{2}\cdot\sqrt{2} \in \mathbb{Q}$.

6. Indicació: escriviu $\sqrt{3} = p/q$, amb p i q primers entre sí i arribeu a contradicció. Podeu fer el mateix per a $\sqrt{2}+\sqrt{3}$.

7. (a) $\mathbb{R}$.

(b) $[2,3]$.

(c) $\mathbb{R}\setminus\{3\}$.

(d) $(-2,1)\cup(5,+\infty)$.

(e) No té solució.

8. (a) $(-\infty, 1) \cup (3, +\infty)$.

(b) $\mathbb{R}$.

(c) $\left(-\infty, -\frac{2}{3}\right] \cup \left[\frac{1}{3}, +\infty\right)$.

(d) $(-1, 3)$.

(e) $(-\infty, -2] \cup [-1, 1]$.

9. (a) $(0, 1)$.

(b) $(-\infty, -1) \cup (1, +\infty)$.

(c) $[-2, 0) \cup (3, +\infty)$.

10. (a) $(-\infty, 0) \cup (2, +\infty)$.

(b) $[-2, -1)$.

(c) $[-2, 0) \cup (4, +\infty)$.

11. $\alpha \in (-\infty, -5] \cup [1, +\infty)$.

12. $\beta \in (-5, 1)$.

13. Només cal elevar al quadrat: $x + y < x + y + 2\sqrt{xy} \iff 0 < 2\sqrt{xy}$, que és cert.
No: $-4 < -1$ i $16 > 1$.

14. Indicació: manipuleu les desigualtats.

15. (a) $|x| = 10$.

(b) $|x| < 5$.

(c) $|x| \leq 4$.

(d) $|x - 2| = |x + 6|$.

16. (a) $|y| = 12$.

(b) $|y| < 3$.

(c) $|y| \leq 5$.

(d) $|y - 4| = |y + 3|$.

17. $100000 \leq p \leq 350000$.

18. Entre 120 i 125 taronges.

19. (a) $x = \frac{3}{2}$.

(b) $x = 1$ i $x = 5$.

(c) $x = -1$ i $x = 1$.

20. (a) $x = 4$.

(b) $x = 10$ i $x = \frac{2}{3}$.

(c) $x = -5$ i $x = 6$.

21. (a) $[-\frac{8}{3}, 4]$.
(b) $(-\infty, -\sqrt{5}] \cup [\sqrt{5}, \infty)$.
(c) No té solució.
(d) $(1,2) \cup (5,6)$.
(e) $(-\infty, -3] \cup [1-\sqrt{6}, 1+\sqrt{6}] \cup [5, +\infty)$.

22. (a) $(-5, 11)$.
(b) $(-\infty, -2] \cup [\frac{9}{2}, +\infty)$.
(c) $[-2, 2]$.
(d) $[0,2] \cup [3,5]$.
(e) $(-\infty, 1] \cup [2,3] \cup [4, +\infty)$.

23. (a) $\left(-\frac{1}{2}, +\infty\right)$.
(b) No té solució.
(c) $[-2, 2]$.
(d) $(-3,-1) \cup (1,3)$.
(e) $(-\infty, 1)$.

24. (a) $(-\infty, -\frac{1}{2})$.
(b) $[-\frac{1}{2}, +\infty)$.
(c) $(0, \frac{2}{3})$.
(d) $\left(-\infty, -\frac{3}{2}\right) \cup \left(\frac{3}{2}, +\infty\right)$.
(e) $[-5, 5]$.

25. (a) $5i$.
(b) $\frac{8}{27} i$.
(c) $9i$.
(d) $-i$.
(e) -1.

26. (a) $3i$.
(b) $6i$.
(c) $\frac{3}{4} i$.
(d) i.
(e) 1.

27. (a) Forma trigonomètrica: $\sqrt{2}(\cos\frac{\pi}{4} + i \sin\frac{\pi}{4})$. Forma polar: $\sqrt{2}_{\frac{\pi}{4}}$.

(b) Forma trigonomètrica: $3(\cos\frac{3\pi}{2} + i\sin\frac{3\pi}{2})$. Forma polar $3_{\frac{3\pi}{2}}$.

(c) Forma trigonomètrica: $7(\cos 0 + i\sin 0)$. Forma polar: 7_0.

(d) Forma trigonomètrica: $2(\cos\frac{4\pi}{3} + i\sin\frac{4\pi}{3})$. Forma polar: $2_{\frac{4\pi}{3}}$.

(e) Forma trigonomètrica: $8\sqrt{3}(\cos\frac{5\pi}{6} + i\sin\frac{5\pi}{6})$. Forma polar: $8\sqrt{3}_{\frac{5\pi}{6}}$.

28. (a) Forma trigonomètrica: $2(\cos\frac{\pi}{4} + i\sin\frac{\pi}{4})$. Forma polar: $2_{\frac{\pi}{4}}$.

(b) Forma trigonomètrica: $6(\cos\pi + i\sin\pi)$. Forma polar 6_{π}.

(c) Forma trigonomètrica: $7(\cos\frac{\pi}{2} + i\sin\frac{\pi}{2})$. Forma polar: $7_{\frac{\pi}{2}}$.

(d) Forma trigonomètrica: $2\sqrt{3}(\cos\frac{11\pi}{6} + i\sin\frac{11\pi}{6})$. Forma polar: $2\sqrt{3}_{\frac{11\pi}{6}}$.

(e) Forma trigonomètrica: $8(\cos\frac{4\pi}{3} + i\sin\frac{4\pi}{3})$. Forma polar: $8_{\frac{4\pi}{3}}$.

29. (a) $18 + i$.

(b) $-7 + 6\sqrt{2}\,i$.

(c) $-23 + 37i$.

(d) $\frac{1}{52} - \frac{47}{52}i$.

30. (a) $18 - 24i$.

(b) $13 + 8\sqrt{3}\,i$.

(c) $-3 + 6i$.

(d) $\frac{9}{5} - \frac{9}{5}i$.

31. (a) Hi ha dues solucions: $x = 3$ i $y = 3$, o bé, $x = \frac{3}{2}$ i $y = 6$.

(b) $x = -9, y = 3$.

32. (a) $x = \pm 2\sqrt{2}, y = 0$.

(b) $x = -2$, $y = 3$.

33. Serà real si $a = -9$; imaginari si $a = 4$.

34. (a) $\frac{9}{8}$.

(b) -2.

35. $\rho = -1, \rho = -\frac{3}{2}$.

36. $\alpha = 1, \alpha = \frac{3}{2}$.

37. $z = -4 - 3i$.

38. $z = 4 + 3i$.

39. $\frac{1 \pm \sqrt{3}i}{2}$.

40. La diferència d'arguments ha de ser igual a πk, on $k \in \mathbb{Z}$.
La diferència d'arguments ha de ser $\frac{\pi}{2} + \pi k$, on $k \in \mathbb{Z}$.

41. Indicació: escriviu $z = a + bi$, després opereu en l'expressió de z'.

42. Indicació: escriviu $z = a + b\,i$ i utilitzeu la condició que el mòdul és 1.

43. Mòdul: 256. Argument: $\frac{2\pi}{3}$.

44. $2^{n+1}\cos\frac{n\pi}{3}$.

45. $r_1 = 2_{\frac{7\pi}{16}}, r_2 = 2_{\frac{15\pi}{16}}, r_3 = 2_{\frac{23\pi}{16}}, r_4 = 2_{\frac{31\pi}{16}}$.

46. $r_1 = 2_{\frac{3\pi}{16}}, r_2 = 2_{\frac{11\pi}{16}}, r_3 = 2_{\frac{19\pi}{16}}, r_4 = 2_{\frac{27\pi}{16}}$.

47. Indicació: apliqueu la forma exponencial d'un nombre complex (fórmula d'*Euler*).

48. Indicació: utilitzeu la forma exponencial d'un nombre complex (fórmula d'*Euler*).

49. De fet són dos nombres: $e^{\frac{\sqrt{2}}{2}}\left(\cos\frac{\sqrt{2}}{2} + i\sin\frac{\sqrt{2}}{2}\right)$, $e^{-\frac{\sqrt{2}}{2}}\left(\cos\frac{\sqrt{2}}{2} - i\sin\frac{\sqrt{2}}{2}\right)$.

50. $2_0, 3\sqrt{2}_{\frac{\pi}{4}}, 3\sqrt{2}_{\frac{7\pi}{4}}$.

51.
(a) Arrels: i, $-3i$. Descomposició: $z^2 + 2iz + 3 = (z-i)(z+3i)$.
(b) Arrels: 2, $-1+i$. Descomposició: $(-2+i)z^2 + (3+i)z + 2 - 6i = (-2+i)(z-2)(z+1-i)$.
(c) Arrels: 4, $-1+i$, $-1-i$. Descomposició: $z^3 - 2z^2 - 6z - 8 = (z-4)(z+1-i)(z+1+i)$.

52.
(a) Arrels: $-i$, $4i$. Descomposició: $z^2 - 3iz + 4 = (z+i)(z-4i)$.
(b) Arrels: -2, $-1+i$. Descomposició: $(1+i)z^2 + (4+2i)z + (2-2i)(1+i) = (1+i)(z+2)(z+1-i)$.
(c) Arrels: 3, $1-i$, $1+i$. Descomposició: $z^3 - 5z^2 + 8z - 6 = (z-3)(z-1+i)(z-1-i)$.

53.
(a) $z_1 = 2_{\frac{\pi}{4}} = \sqrt{2} + \sqrt{2}i$, $z_2 = 2_{\frac{3\pi}{4}} = -\sqrt{2} + \sqrt{2}i$, $z_3 = 2_{\frac{5\pi}{4}} = -\sqrt{2} - \sqrt{2}i$, $z_4 = 2_{\frac{7\pi}{4}} = \sqrt{2} - \sqrt{2}i$.
(b) $z_1 = \sqrt[6]{2}_{\frac{\pi}{12}}$, $z_2 = \sqrt[6]{2}_{\frac{3\pi}{4}}$, $z_3 = \sqrt[6]{2}_{\frac{17\pi}{12}}$, $z_4 = \sqrt[6]{2}_{\frac{23\pi}{12}}$, $z_5 = \sqrt[6]{2}_{\frac{7\pi}{12}}$, $z_6 = \sqrt[6]{2}_{\frac{5\pi}{4}}$.
(c) $\sqrt[6]{2}_{\frac{\pi}{4}}, \sqrt[6]{2}_{\frac{11\pi}{12}}\ \sqrt[6]{2}_{\frac{19\pi}{12}}$.

54.
(a) $z_1 = 2$, $z_2 = 2i$, $z_3 = -2$, $z_4 = -2i$.
(b) $z_1 = 1$, $z_2 = 1_{\frac{2\pi}{3}}$, $z_3 = 1_{\frac{4\pi}{3}}$, $z_4 = 3$, $z_5 = 3_{\frac{2\pi}{3}}$, $z_6 = 3_{\frac{4\pi}{3}}$.
(c) $z_1 = -i$, $z_2 = (2-\sqrt{3})\,i$, $z_3 = (2+\sqrt{3})\,i$.

55.
(a) Les arrels són: $\frac{1}{2} + \frac{\sqrt{3}}{2}i$, $-\frac{1}{2} + \frac{\sqrt{3}}{2}i$, $-\frac{1}{2} - \frac{\sqrt{3}}{2}i$, $\frac{1}{2} - \frac{\sqrt{3}}{2}i$. La descomposició és: $(x^2 + x + 1)(x^2 - x + 1)$.
(b) Les arrels són: $z_1 = 2+i$, $z_2 = 2-i$, $z_3 = -2+i$, $z_4 = -2-i$. La descomposició és: $(z^2 - 4z + 5)(z^2 + 4z + 5)$.

56.
(a) Les arrels són: -3, $\frac{3}{2} + \frac{3\sqrt{3}}{2}i$, $\frac{3}{2} - \frac{3\sqrt{3}}{2}i$. La descomposició és: $(x+3)(x^2 - 3x + 9)$.

(b) Les arrels són: $\sqrt{2}$, $\sqrt{2}i$, $-\sqrt{2}$, $-\sqrt{2}i$, $\frac{\sqrt{2}}{2}+\frac{\sqrt{2}}{2}i$, $-\frac{\sqrt{2}}{2}+\frac{\sqrt{2}}{2}i$, $-\frac{\sqrt{2}}{2}-\frac{\sqrt{2}}{2}i$, $\frac{\sqrt{2}}{2}-\frac{\sqrt{2}}{2}i$.
La descomposició és: $(z-\sqrt{2})(z+\sqrt{2})(z^2+2)(z^2-\sqrt{2}z+1)(z^2+\sqrt{2}z+1)$.

57. 0.

58. $n=8k, k\in\mathbb{N}$; és a dir, $n=8,16,24\dots$

59. (a) El nombre és $w=-\frac{1}{16}$. Les arrels quartes són $\left(\frac{1}{2}\right)_{\frac{\pi}{4}}=\frac{\sqrt{2}}{4}+i\frac{\sqrt{2}}{4}$, $\left(\frac{1}{2}\right)_{\frac{3\pi}{4}}=-\frac{\sqrt{2}}{4}+i\frac{\sqrt{2}}{4}$, $\left(\frac{1}{2}\right)_{\frac{5\pi}{4}}=-\frac{\sqrt{2}}{4}-i\frac{\sqrt{2}}{4}$, $\left(\frac{1}{2}\right)_{\frac{7\pi}{4}}=\frac{\sqrt{2}}{4}-i\frac{\sqrt{2}}{4}$.
(b) $z^4+\frac{1}{16}$.

60. El nombre és $-2-2i$. Les altres dues arrels són: $\sqrt{2}_{75^\circ}$, $\sqrt{2}_{195^\circ}$.

61. Les arrels són $-i$, $2+i$. Hi ha infinits polinomis i són: $a(z^4-4z^3+6z^2-4z+5)$.

62. Les arrels són: $1_{\frac{\pi}{4}}$, $1_{\frac{3\pi}{4}}$, $1_{\frac{5\pi}{4}}$, $1_{\frac{7\pi}{4}}$. La seva suma és zero. La descomposició és: $(z^2-\sqrt{2}z+1)(z^2+\sqrt{2}z+1)$.

63. $2\cos nt$.

64. Té 7 solucions: $z=0$, i $z_k=1_{\frac{\pi k}{3}}$, $k=0,1,2,3,4,5$.

65. Té 6 solucions: $z=0$, i $z_k=1_{\frac{2\pi k}{5}}$, $k=0,1,2,3,4$.

66. (a) A$=\sqrt{3}$.
(b) A$=4$.
(c) A$=\frac{3\sqrt{3}}{2}$.

67. $q=1$. L'àrea del quadrat és 8.

68. $\mathrm{A}=2p$. Per a $p=2$.

69. (a) $\sqrt{2}_{\frac{\pi}{12}}$, $\sqrt{2}_{\frac{5\pi}{12}}$, $\sqrt{2}_{\frac{9\pi}{12}}$, $\sqrt{2}_{\frac{13\pi}{12}}$, $\sqrt{2}_{\frac{17\pi}{12}}$.
(b) $8_{\frac{\pi}{2}}$.

70. $-3+2i$, $-2-3i$, $3-2i$.

71. (a) $A=\left(\frac{1-\sqrt{5}}{2},\frac{1+\sqrt{5}}{2}\right)$. Fites superiors: qualsevol nombre més gran o igual que $\frac{1+\sqrt{5}}{2}$. Fites inferiors: qualsevol nombre més petit o igual que $\frac{1-\sqrt{5}}{2}$. Suprem: $\frac{1+\sqrt{5}}{2}$. Ínfim: $\frac{1-\sqrt{5}}{2}$. No té ni màxim ni mínim. $A'=\left[\frac{1-\sqrt{5}}{2},\frac{1+\sqrt{5}}{2}\right]$.
(b) Suprem=màxim= $\frac{3}{2}$. Ínfim= -1. No té mínim. $B'=\{-1,1\}$.
(c) Suprem=màxim=1. Ínfim=0. No té mínim. $C'=\{0\}$.
(d) $D=(\frac{1}{3},3)$. Suprem= 3. Ínfim=$\frac{1}{3}$. No té ni màxim ni mínim. $D'=[\frac{1}{3},3]$.
(e) Suprem=màxim=$\frac{31}{30}$. Ínfim=0. No té mínim. Els punts d'acumulació són el 0 i els punts reals de la forma $\frac{1}{2^p}$, $\frac{1}{3^q}$, $\frac{1}{5^r}$, $\frac{1}{2^p}+\frac{1}{3^q}$, $\frac{1}{2^p}+\frac{1}{5^r}$, $\frac{1}{3^q}+\frac{1}{5^r}$.

(f) Suprem=màxim=1. Ínfim=mínim=0. $F' = \{0,1\}$.
g) Suprem=màxim=3. Ínfim=-1. No té mínim. $G' = [-1,1] \cup \{2\}$.

72. $2abc = d(a^2 - b^2)$.

73. (a) $x_1 = -1, x_2 = \frac{1}{2} + \frac{\sqrt{3}}{2}i, x_3 = -\frac{1}{2} - \frac{\sqrt{3}}{2}i, x_4 = \frac{1}{2} - \frac{\sqrt{3}}{2}i, x_5 = -\frac{1}{2} + \frac{\sqrt{3}}{2}i$.
(b) $p(x) = (x+1)(x^2 - x + 1)(x^2 + x + 1)$.
(c) $x_0 = 1, x_1 = \frac{\sqrt{2}}{2} + \frac{\sqrt{2}}{2}i, x_2 = i, x_3 = -\frac{\sqrt{2}}{2} + \frac{\sqrt{2}}{2}i, x_4 = -1, x_5 = -\frac{\sqrt{2}}{2} - \frac{\sqrt{2}}{2}i, x_6 = -i, x_7 = \frac{\sqrt{2}}{2} - \frac{\sqrt{2}}{2}i$. $q(x) = (x+1)(x^2+1)(x^2 - \sqrt{2}x + 1)(x^2 + \sqrt{2}x + 1)$.

6.2 Funcions

1. (1) $(-\infty, 2] \cup [3, +\infty)$.
(2) $(-\sqrt{6}, \sqrt{6})$.
(3) $\mathbb{R} \setminus \{-1\}$.
(4) $(1,\pi) \cup \left(\bigcup_{n \geq 1} (2n\pi, (2n+1)\pi) \right)$.
(5) $[2,3]$.
(6) $[-1,3] \setminus \{1\} = [-1,1) \cup (1,3]$.
(7) $\{(1-\sqrt{3}, 0) \cup (2, 1+\sqrt{3})\} \setminus \{1 \pm \sqrt{2}\}$.
(8) $(-\infty, 0)$.
(9) $(-1,2] \cup (4, +\infty)$.
(10) $(-\infty, -6) \cup (-4, 1) \cup (6, +\infty)$.

2. (1) $[1, +\infty) \cup \{-2\}$.
(2) $(-\sqrt{3}, \sqrt{3})$.
(3) $(-\infty, 1) \cup (4, +\infty) \setminus \{6\}$.
(4) $(-2, -1] \cup [6, +\infty)$.
(5) $\mathbb{R} \setminus \{2\}$.
(6) $\mathbb{R} \setminus \{\frac{3\pi}{4} + k\pi, k \in \mathbb{Z}\}$.
(7) $[3,5]$.
(8) $(-\infty, -5) \cup (-3, 2) \cup (6, +\infty)$.
(9) $\left\{(-\infty, -1) \cup (1, +\infty)\right\} \setminus \left\{ \pm \frac{1+\sqrt{5}}{2} \right\}$.
(10) $\left\{ \bigcup_{n \geq 1} (-2n\pi, -(2n-1)\pi) \setminus \{-(4n+3)\frac{\pi}{2} : n \geq 0\} \right\} \cup$

$$\left\{\bigcup_{n\geq 0}(2n\pi,(2n+1)\pi)\setminus\{(4n+1)\tfrac{\pi}{2}:n\geq 0\}\right\}.$$

També es pot expressar com: $\bigcup_{n\in\mathbb{Z}}(2n\pi,(2n+1)\pi)\setminus\left\{(4n+1)\frac{\pi}{2},\, n\in\mathbb{Z}\right\}.$

3. (a) Senar. $D(f)=\mathbb{R}\setminus\{-\sqrt{5},\sqrt{5}\}$.

(b) Parella. $D(f)=[-2,2]\setminus\{-1,1\}$.

(c) Ni senar ni parella. $D(f)=\mathbb{R}\setminus\{0\}$.

(d) Parella. $D(f)=\mathbb{R}$.

(e) Senar. $D(f)=\mathbb{R}$.

4. (a) Parella. $D(f)=[-3,3]\setminus\{-2,2\}$.

(b) Ni senar ni parella. $D(f)=\mathbb{R}\setminus\{0,-1\}$.

(c) Senar. $D(f)=\mathbb{R}\setminus\{-1,1\}$.

(d) Parella. $D(f)=\mathbb{R}$.

(e) Senar. $D(f)=\mathbb{R}\setminus\{x=\frac{\pi}{2}(2n-1),\, n\in\mathbb{Z}\}$.

5. Indicació: apliqueu les definicions de les funcions hiperbòliques i manipuleu les expressions.

6. Indicació: apliqueu les definicions de les funcions hiperbòliques i manipuleu les expressions.

7. $f^2(x)=\frac{x-1}{x}$, $f^3(x)=x$, $f^4(x)=f(x)$, $f^5(x)=f^2(x)$, $f^6(x)=f^3(x)$, i en general

$$f^n(x)=\begin{cases} x & \text{si} \quad n=3k \\ \frac{1}{1-x} & \text{si} \quad n=3k+1 \\ \frac{x-1}{x} & \text{si} \quad n=3k+2 \end{cases}$$

8. Un exemple és $f(x)=\sqrt{x}$ per a $[0,+\infty)$ i $g(x)=-x^2-1$ per a $x\in\mathbb{R}$.

9. $(g\circ f)(x)=x$ i $D(g\circ f)=(-\infty,2]$.

10. $(g\circ f)(x)=-2x$ i $D(g\circ f)=(-3,+\infty)$.

11. (a) $D(f)=\mathbb{R}\setminus\{3\}$, és injectiva en $D(f)$, $f^{-1}(x)=\dfrac{3x+1}{x-2}$, $\operatorname{Im}(f)=\mathbb{R}\setminus\{2\}$.

(b) $D(g)=(-\infty,\ln 3)$, és injectiva en $D(g)$, $g^{-1}(x)=\ln\left(3-e^{x/2}\right)$, $\operatorname{Im}(g)=(-\infty,\ln 9)$.

12. (a) $D(f)=\mathbb{R}\setminus\{\frac{1}{3}\}$, és injectiva en $D(f)$, $f^{-1}(x)=\dfrac{x+5}{3x-2}$, $\operatorname{Im}(f)=\mathbb{R}\setminus\{\frac{2}{3}\}$.

(b) $D(g)=(-\infty,3\ln 5)$, és injectiva en $D(g)$, $g^{-1}(x)=3\ln(5-e^x)$, $\operatorname{Im}(g)=(-\infty,\ln 5)$.

13. (a) És injectiva en $\mathbb{R}$. La inversa és $f^{-1}(x) = \text{argsinh}x = \ln(x + \sqrt{x^2+1})$

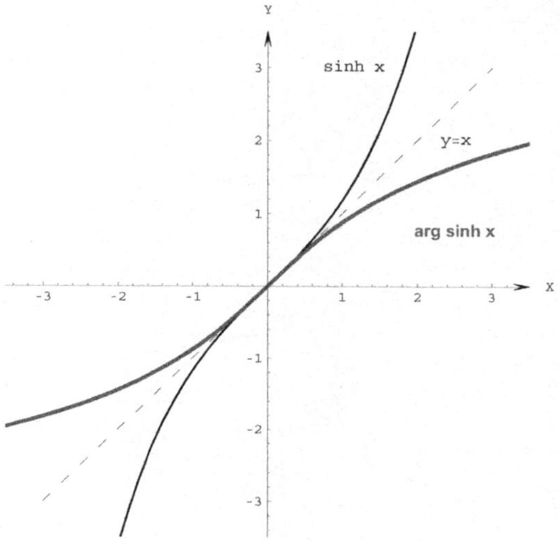

(b) No és injectiva en $\mathbb{R}$. Sí que ho és si ens restringim, per exemple, a $[0, +\infty)$, i aleshores $g^{-1}(x) = \frac{1}{2}\ln(x + \sqrt{x^2-1})$, mentre que si ens restringim a $(-\infty, 0]$ també és injectiva i la inversa és $g^{-1}(x) = \frac{1}{2}\ln(x - \sqrt{x^2-1})$.

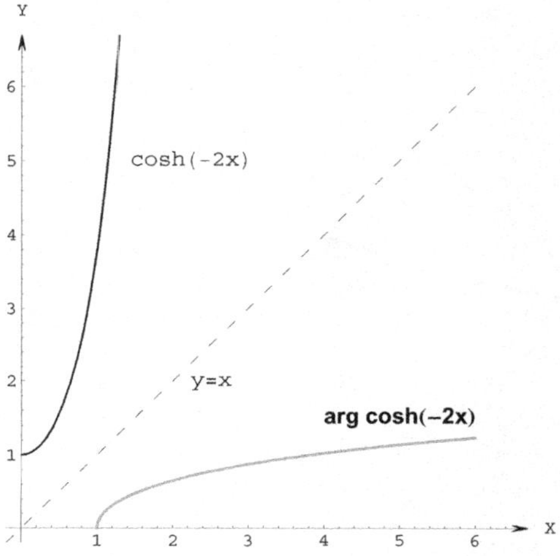

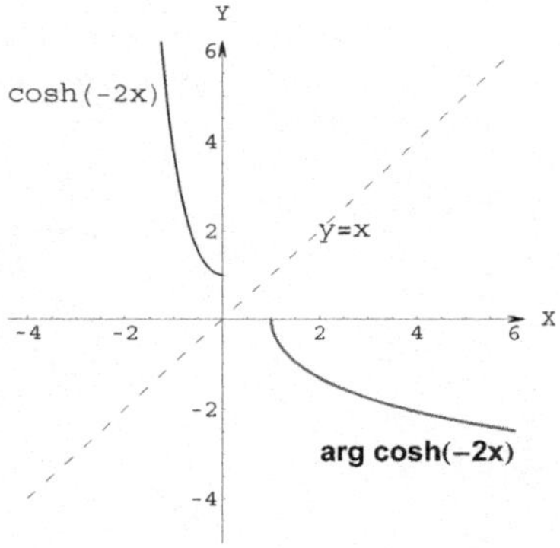

(c) És injectiva en $\mathbb{R}$ i la inversa és $h^{-1}(x) = \frac{1}{6}\ln\left(\frac{2-x}{2+x}\right)$.

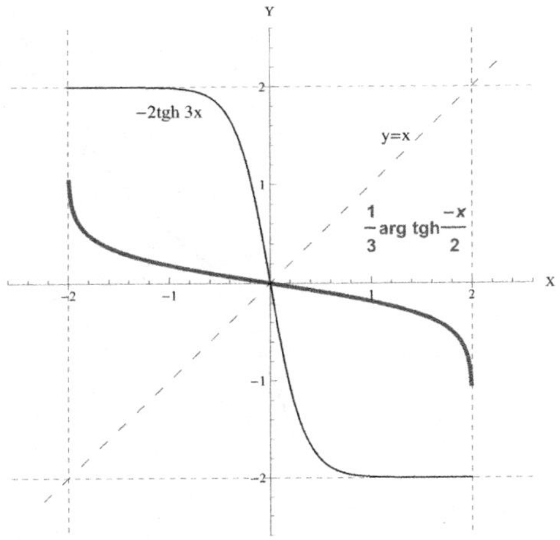

14. (a) És injectiva en $\mathbb{R}$ i la inversa és $f^{-1}(x) = \frac{1}{3}\ln\left(x+\sqrt{1+x^2}\right)$.

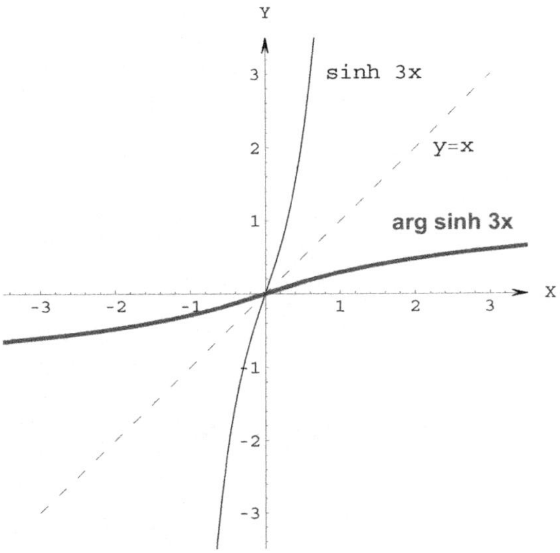

(b) No és injectiva en $\mathbb{R}$. Sí que ho és si ens restringim, per exemple, a $[0,+\infty)$, i aleshores $g^{-1}(x) = \text{argcosh}x = \ln(x+\sqrt{x^2-1})$, mentre que si ens restringim a $(-\infty,0]$ també és injectiva i la inversa és $g^{-1}(x) = \text{argcosh}x = \ln(x-\sqrt{x^2-1})$.

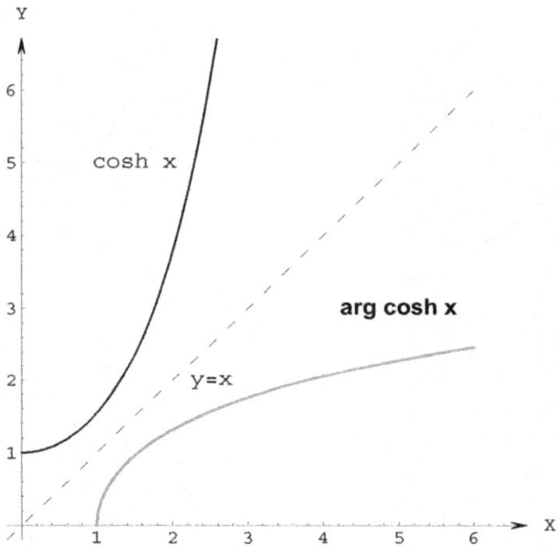

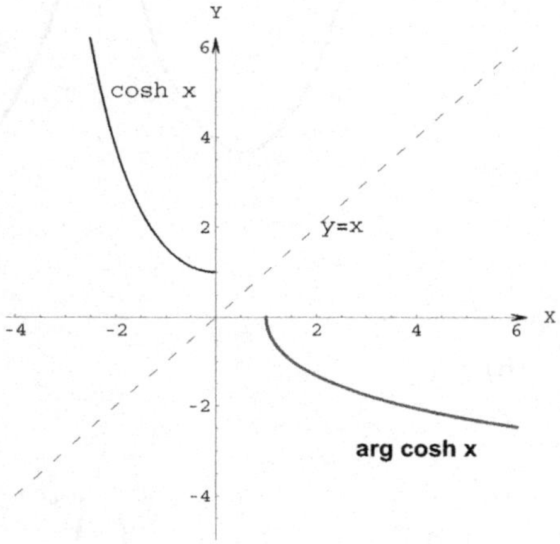

(c) És injectiva en $\mathbb{R}$ i la inversa és $h^{-1}(x) = \dfrac{1}{2}\ln\left(\dfrac{3-x}{3+x}\right)$.

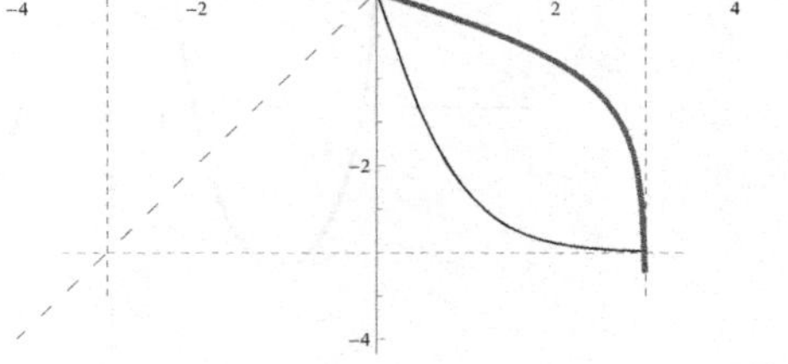

15. (a)

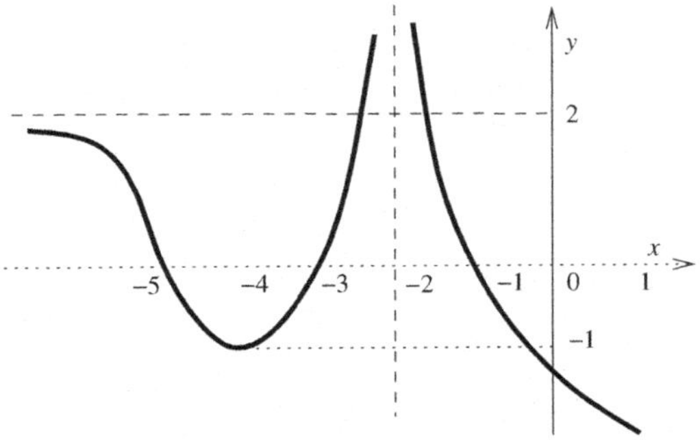

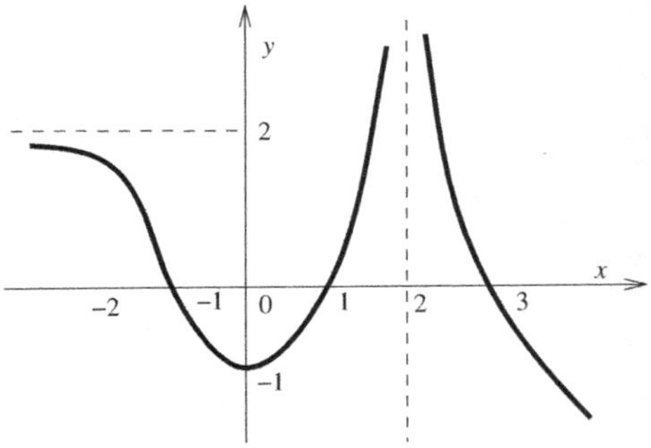

(b)

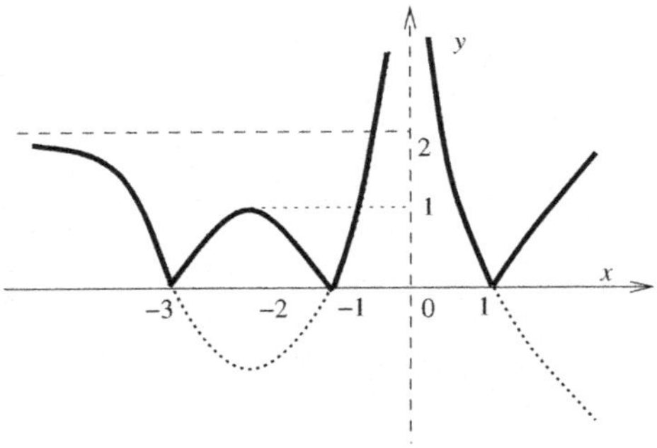

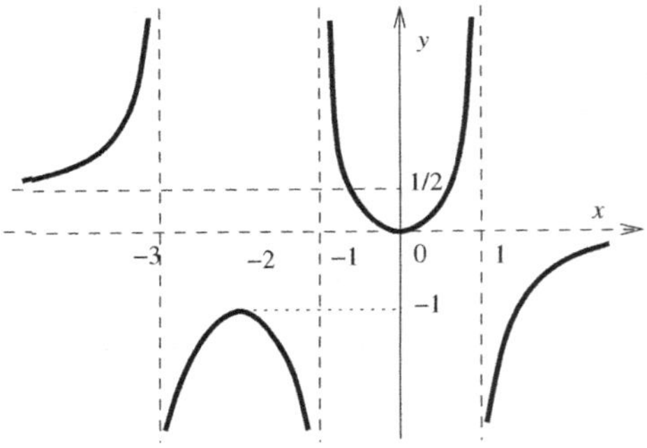

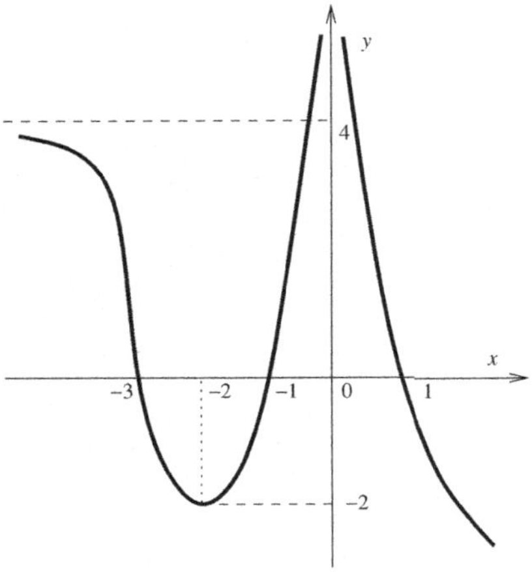

16. (a)

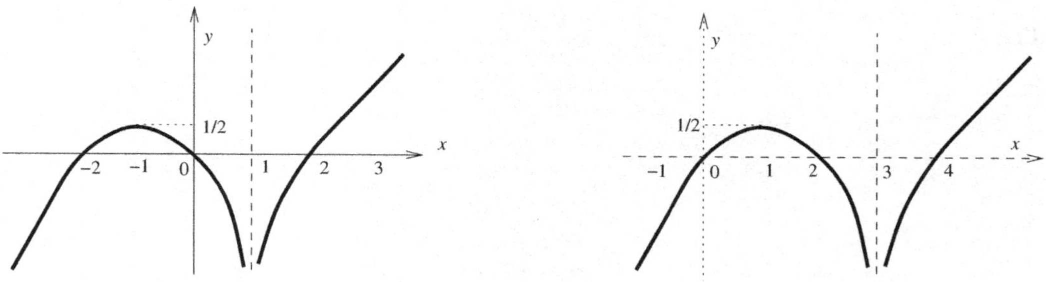

(b)

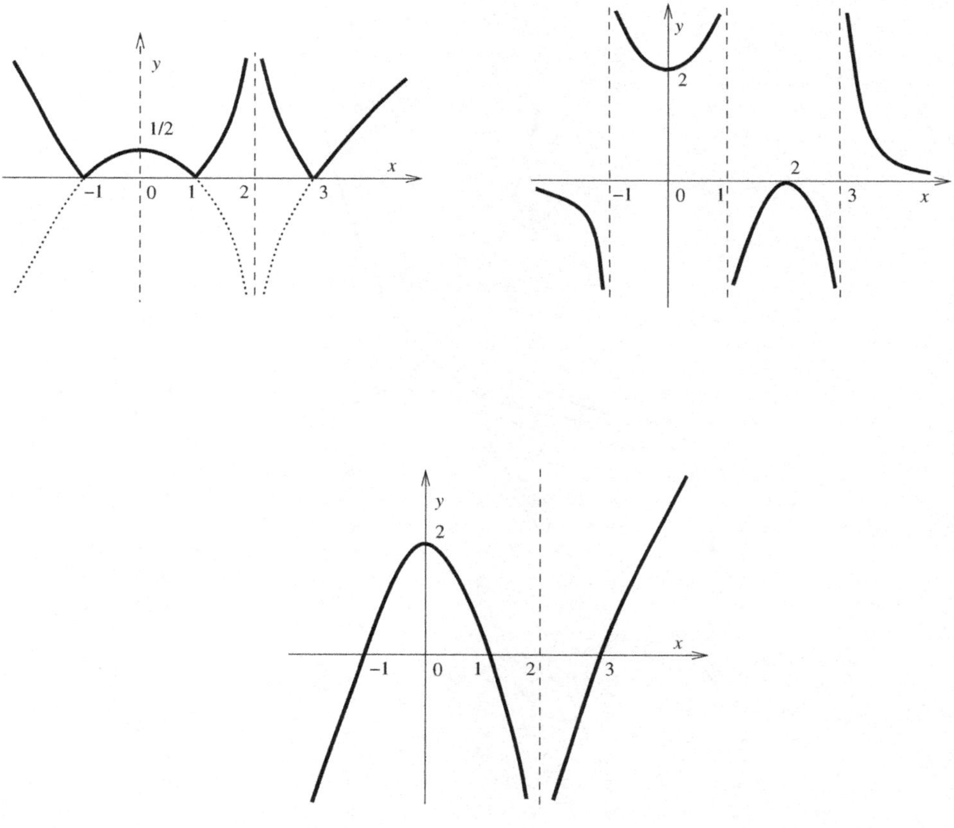

17.

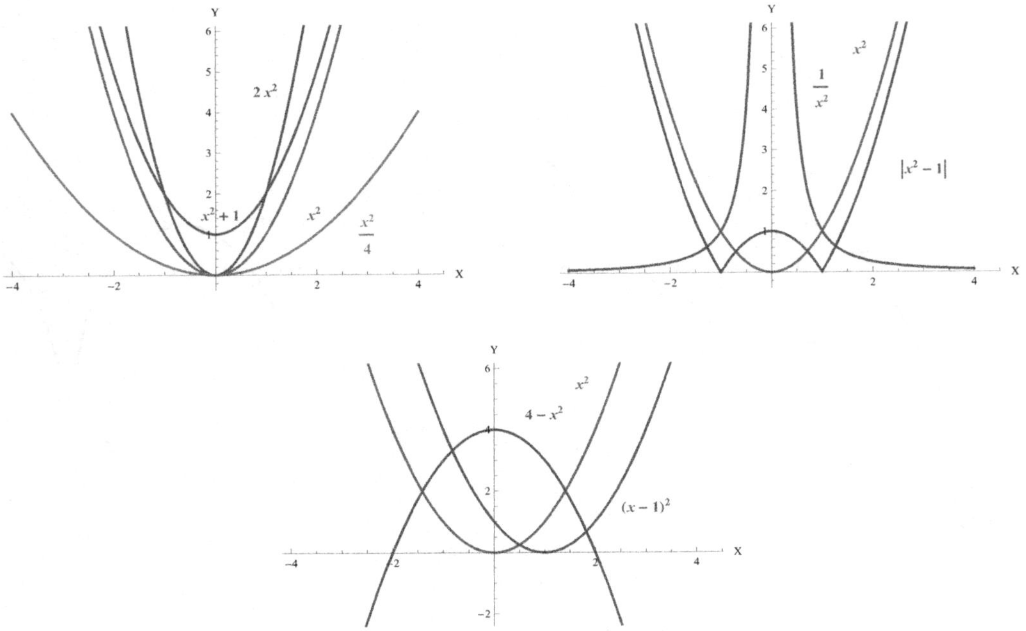
Y
X
$2x^2$
x^2+1
x^2
$\frac{x^2}{4}$
$\frac{1}{x^2}$
$|x^2-1|$
$4-x^2$
$(x-1)^2$

18.

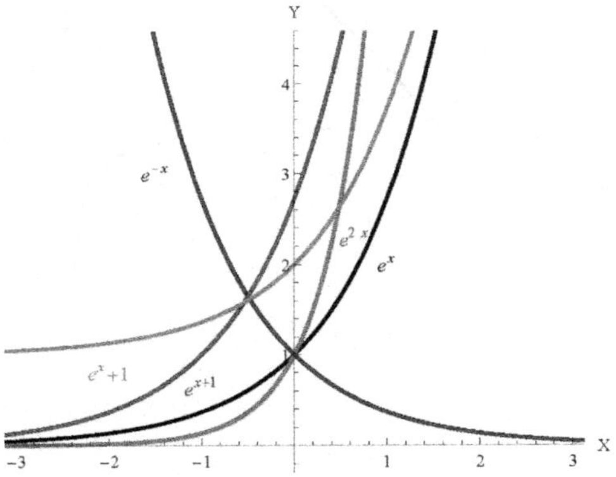
Y
X
e^{-x}
e^{2x}
e^x
e^x+1
e^{x+1}

19.

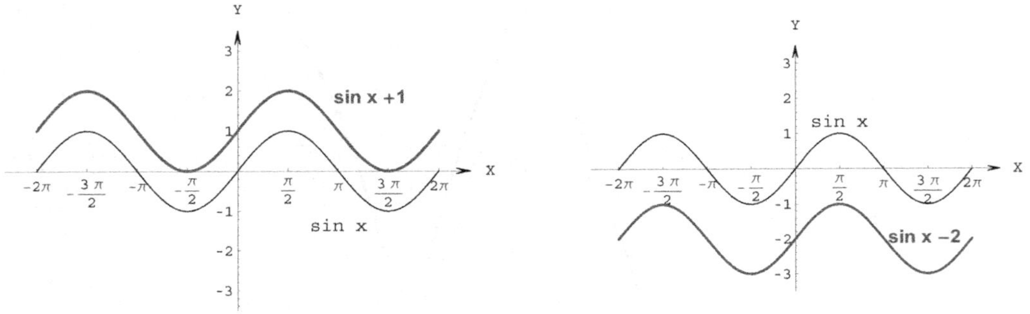
Y
X
sin x +1
sin x
sin x −2

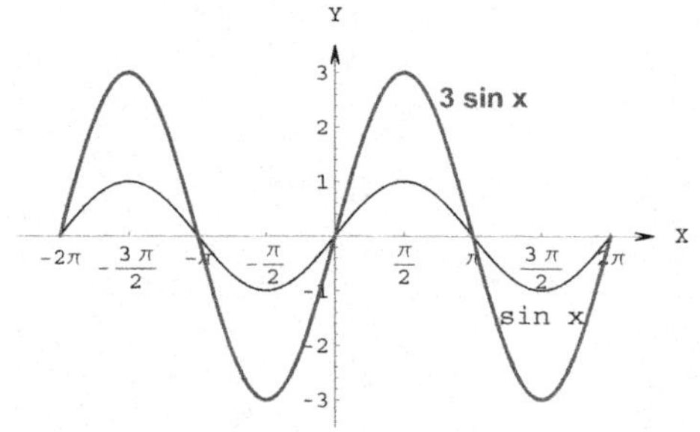
Y
X
3 sin x
sin x

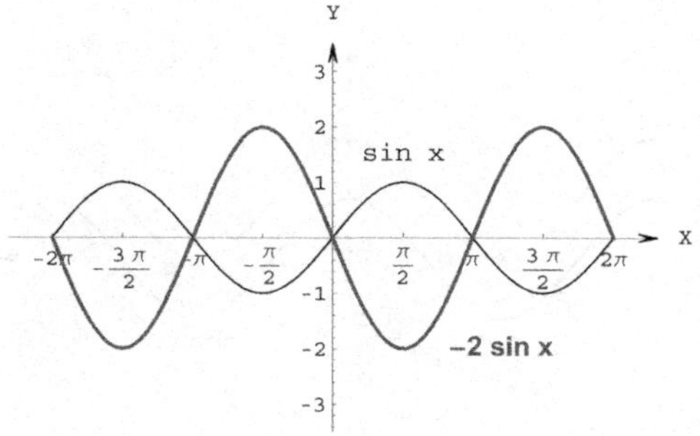
Y
X
sin x
–2 sin x

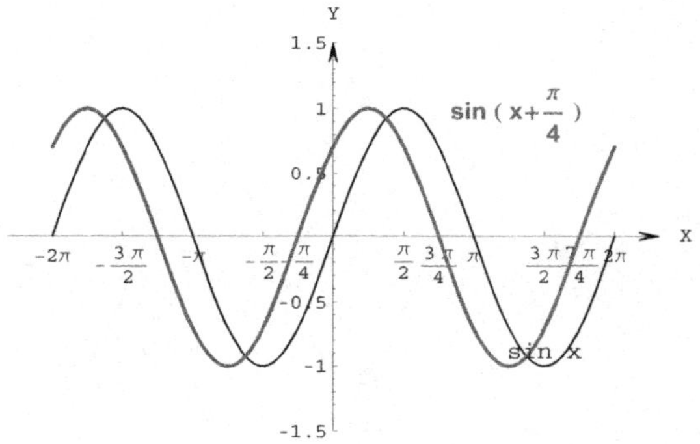
Y
X
sin (x+ π/4)
sin x

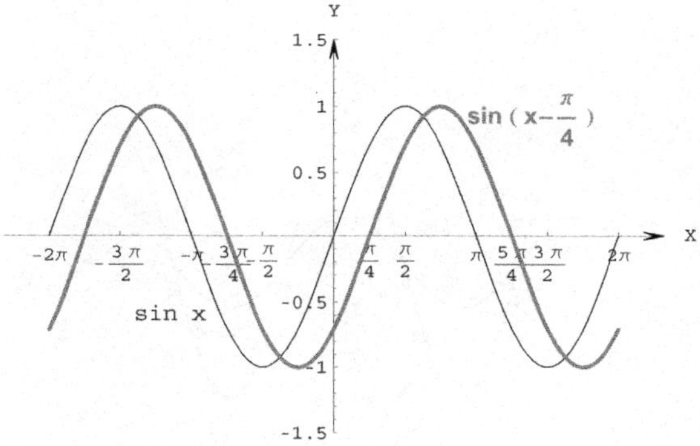
Y
X
sin (x– π/4)
sin x

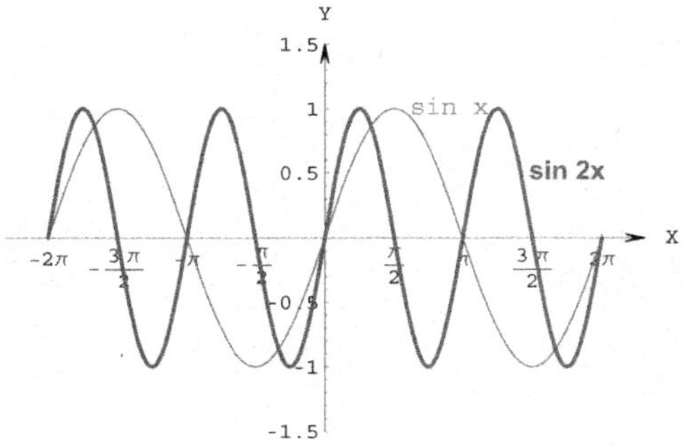
Y
X
sin x
sin 2x

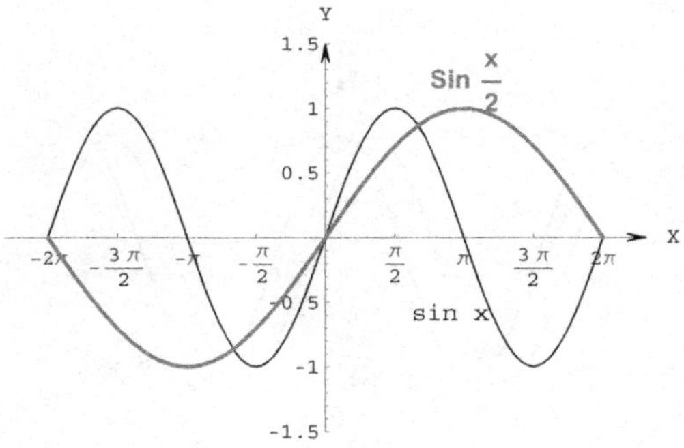
Y
X
Sin x/2
sin x

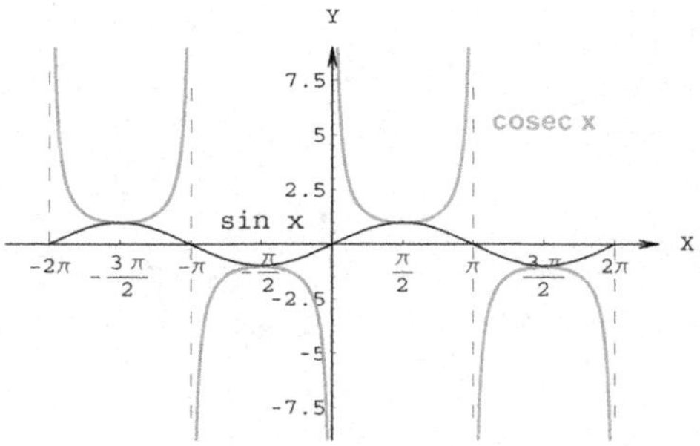
Y
X
cosec x
sin x

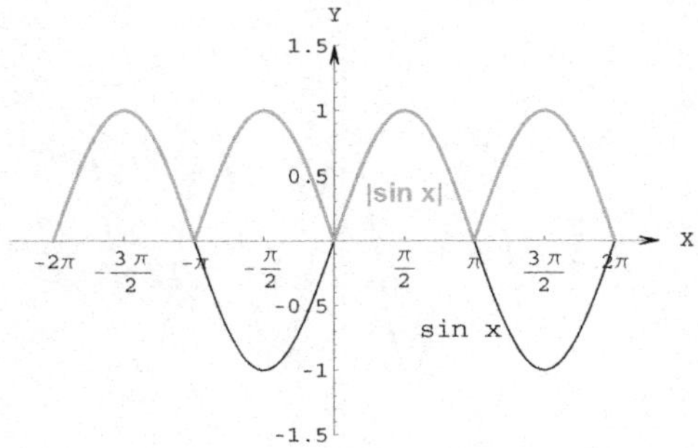
Y
X
|sin x|
sin x

20.

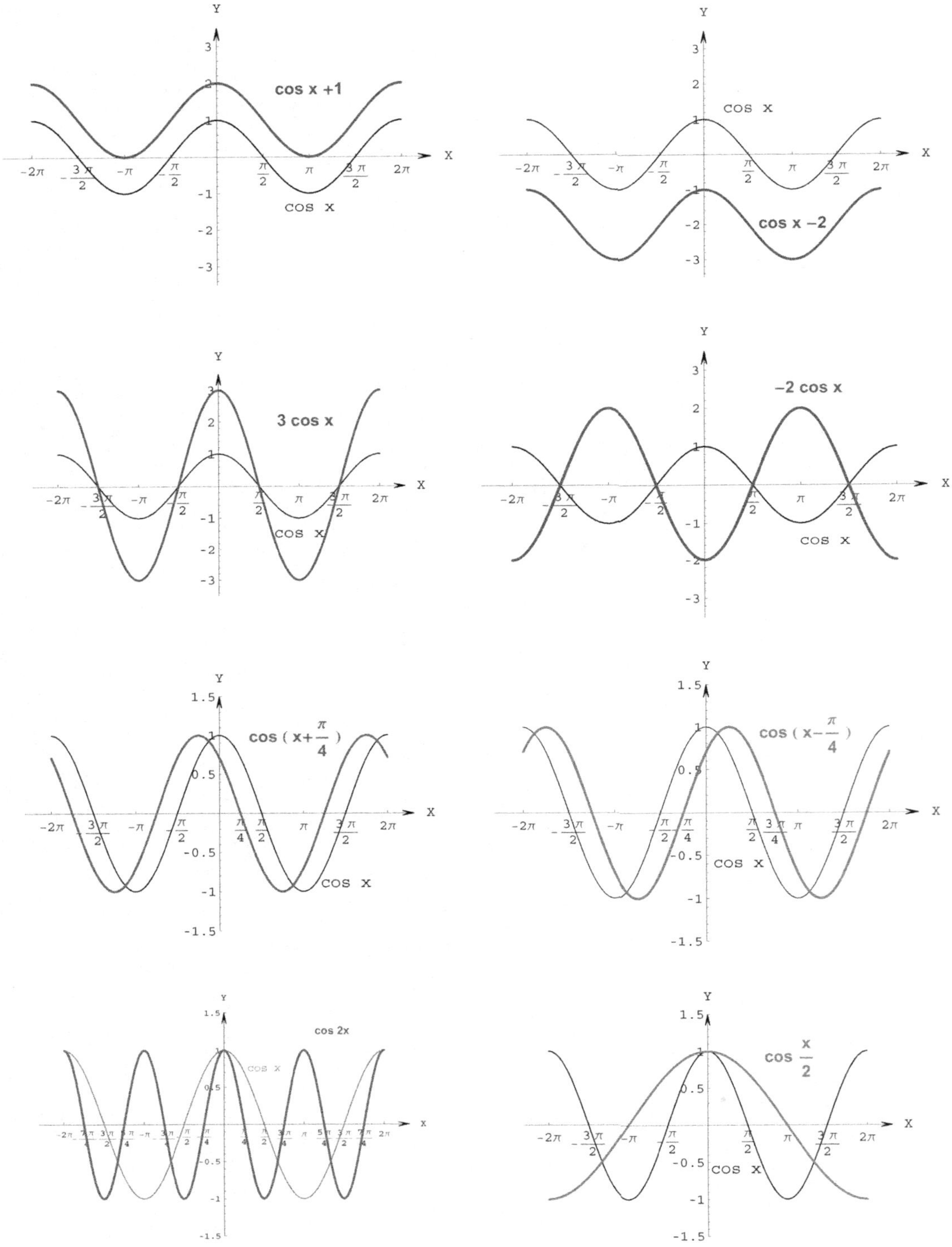
cos x +1
cos x
cos x
cos x −2
3 cos x
cos x
−2 cos x
cos x
cos (x+ π/4)
cos x
cos (x− π/4)
cos x
cos 2x
cos x
cos x/2
cos x

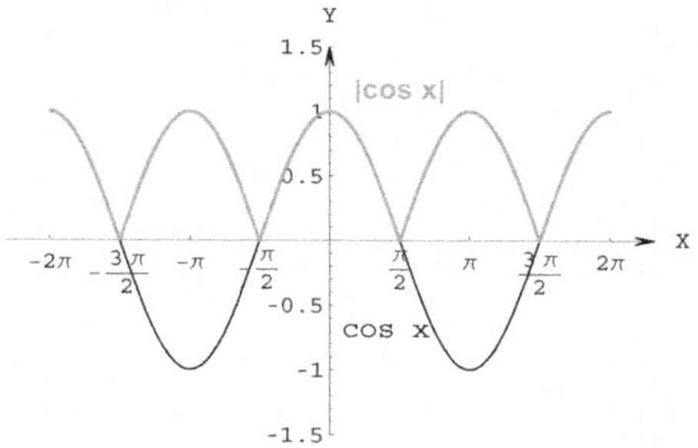
Y
X
|cos x|
cos x
1.5
1
0.5
-0.5
-1
-1.5
-2π
$-\frac{3\pi}{2}$
-π
$-\frac{\pi}{2}$
$\frac{\pi}{2}$
π
$\frac{3\pi}{2}$
2π

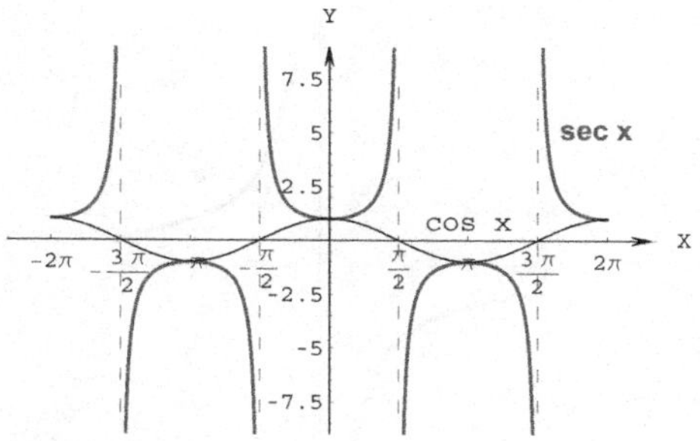
Y
X
sec x
cos x
7.5
5
2.5
-2.5
-5
-7.5
-2π
$-\frac{3\pi}{2}$
$-\frac{\pi}{2}$
$\frac{\pi}{2}$
$\frac{3\pi}{2}$
2π

21.

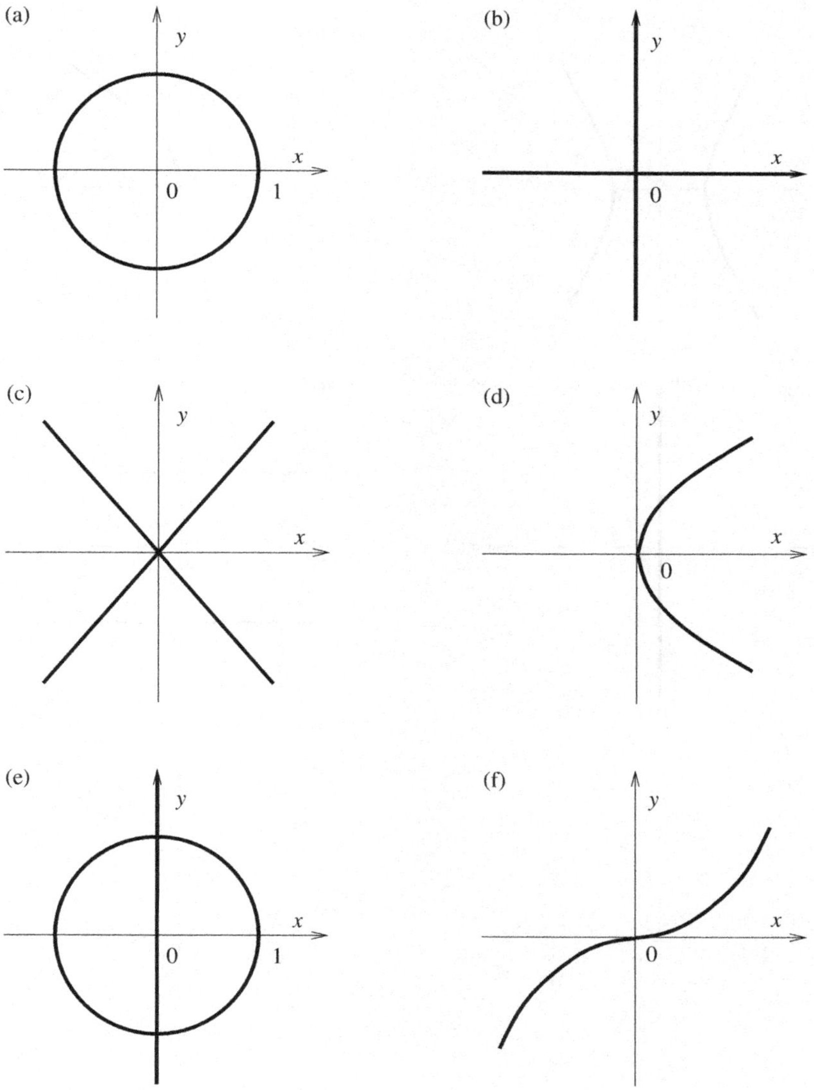
(a)
y
x
0
1
(b)
y
x
0
(c)
y
x
(d)
y
x
0
(e)
y
x
0
1
(f)
y
x
0

22.

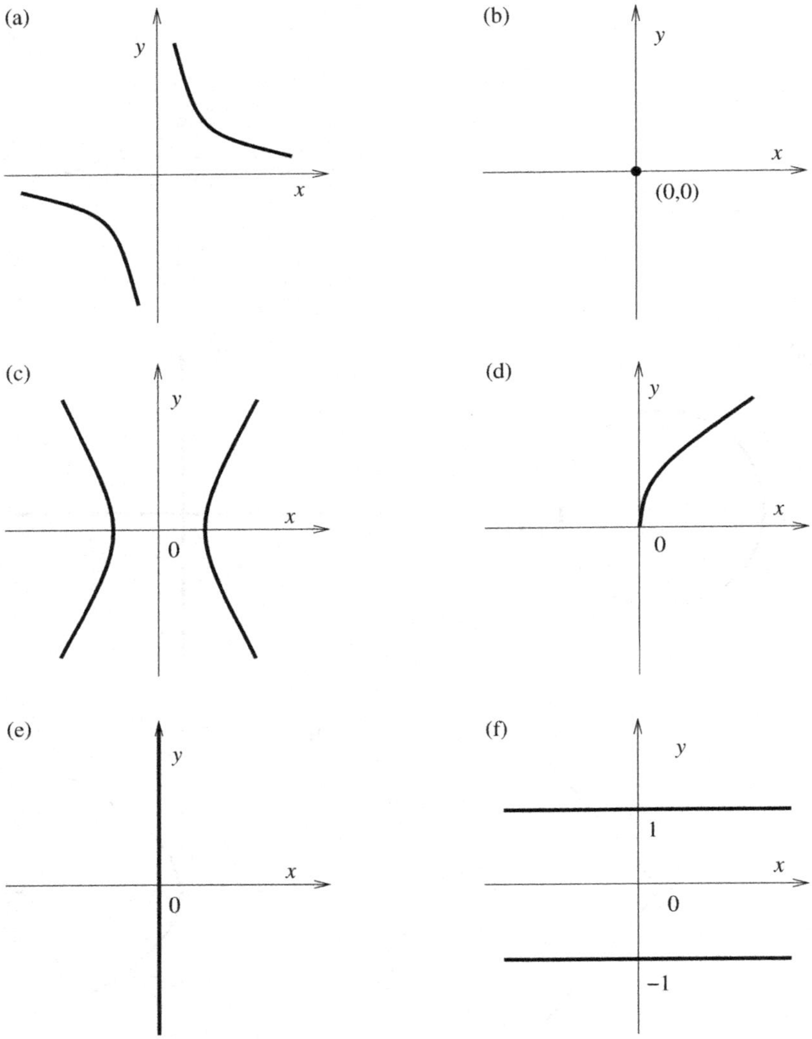

23.

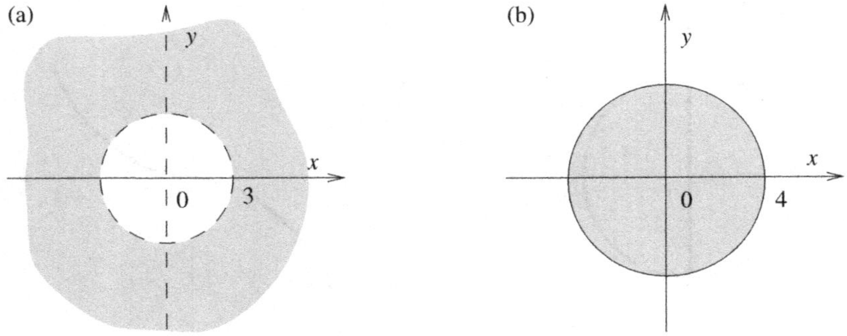

(c)

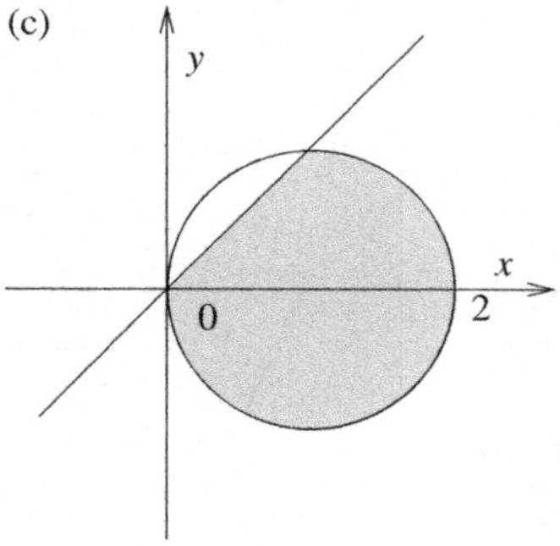

(d)

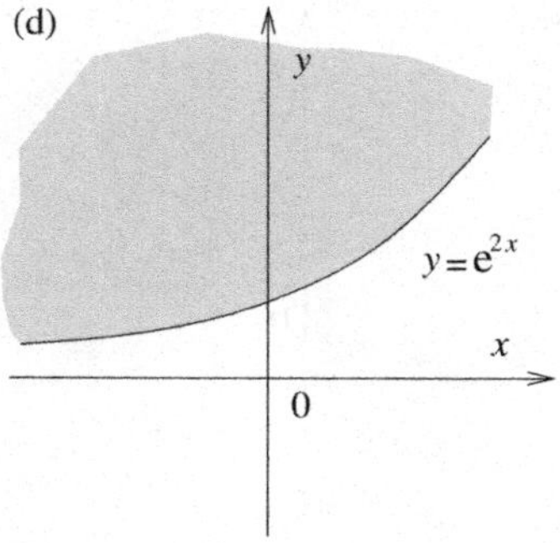

(e)

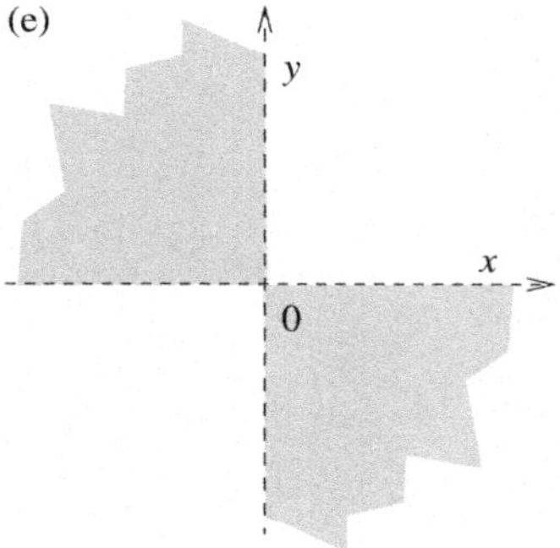

(f)

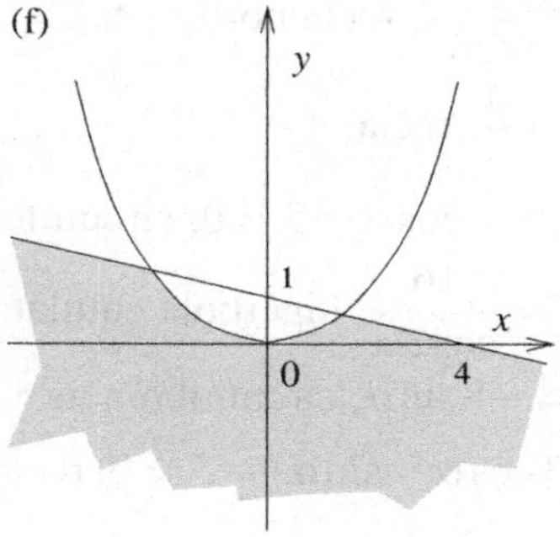

24.

(a)

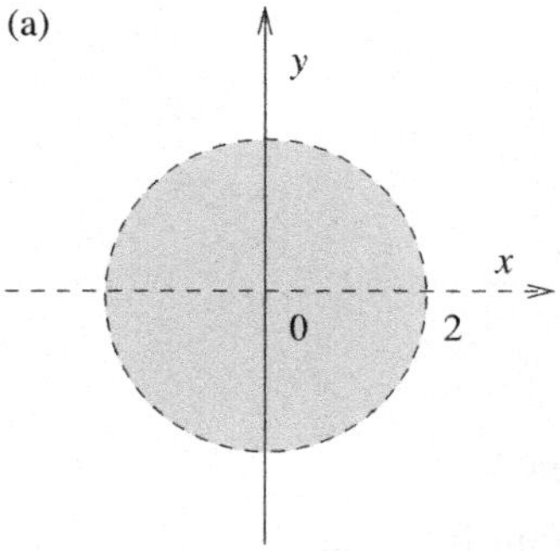

(b)

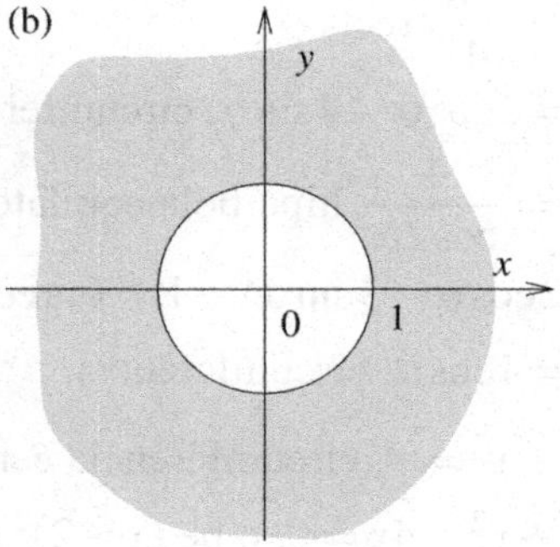

(c)

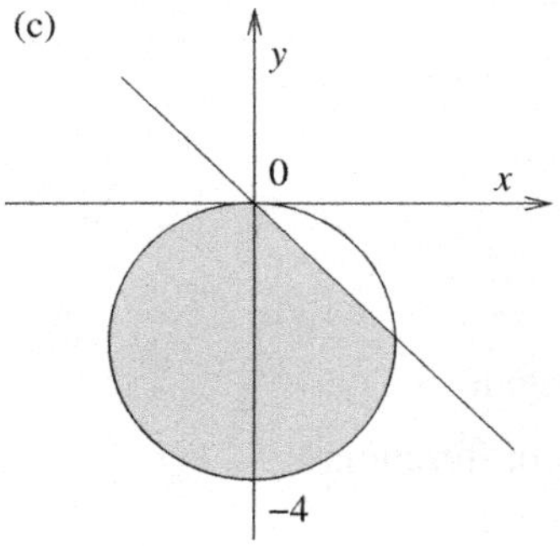

(d)

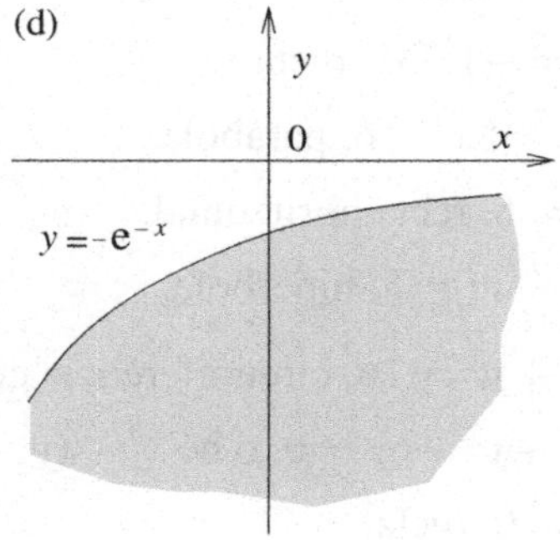

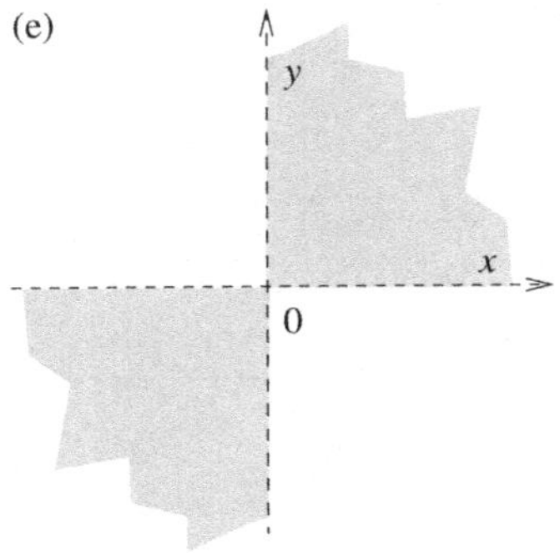

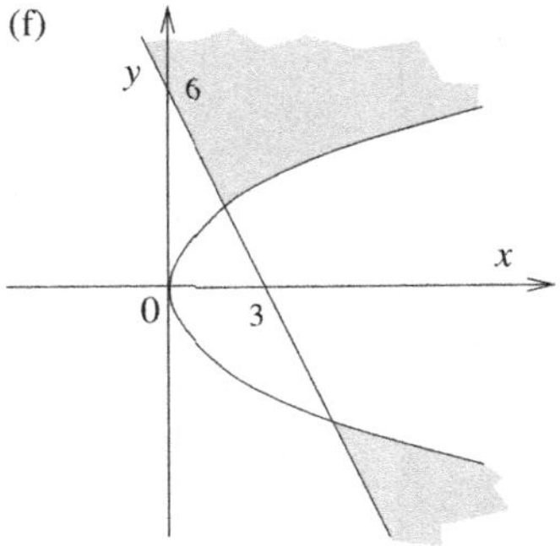

25. (a) $r = \dfrac{4}{\sin\alpha}$, recta horitzontal.

(b) $\alpha = \dfrac{\pi}{4}$, recta.

(c) $r^2 - 4r\cos\alpha - 5 = 0$, circumferència.

(d) $r^2 = \dfrac{16}{\cos 2\alpha}$, hipèrbola equilàtera.

(e) $r = -8\sin\alpha$, circumferència.

(f) $r(3\cos\alpha - \sin\alpha) - 5 = 0$, recta.

26. (a) $r = \dfrac{3}{\cos\alpha}$, recta vertical.

(b) $\alpha = \dfrac{-\pi}{4}$, recta.

(c) $r = 2\cos\alpha - 4\sin\alpha$, circumferència.

(d) $r^2 = \dfrac{4}{\cos 2\alpha}$, hipèrbola equilàtera.

(e) $r(2\cos\alpha - 3\sin\alpha) + 1 = 0$, recta.

(f) $r = 4\cos\alpha$, circumferència.

27. (a) $x^2 + y^2 = 9$, circumferència centrada a l'origen.

(b) $x^2 + y^2 - 4x = 0$, o bé $(x-2)^2 + y^2 = 4$, circumferència.

(c) $x = 0$, recta.

(d) $y = -1.73x$, recta.

(e) $y^2 = 8x + 16$, paràbola.

(f) $y = 5$, recta horitzontal.

(g) $x^2 - y^2 = 5$, hipèrbola.

28. (a) $x^2 + y^2 = 16$, circumferència centrada a l'origen.

(b) $x^2 + y^2 - 6y = 0$, o bé $x^2 + (y-3)^2 = 9$, circumferència.

(c) $y = 0$, recta.

(d) $y = -x$, recta.

(e) $x^2 = 16y + 64$, paràbola.

(f) $x = 6$, recta vertical.

(g) $4x^2 + 3y^2 - 6y = 9$, o bé $\dfrac{x^2}{3} + \dfrac{(y-1)^2}{4} = 1$, el·lipse.

29. La (a) és una circumferència i la (b) una espiral d'Arquimedes.

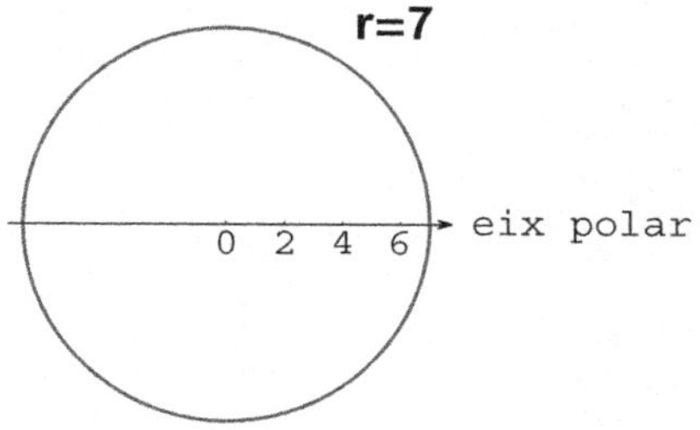

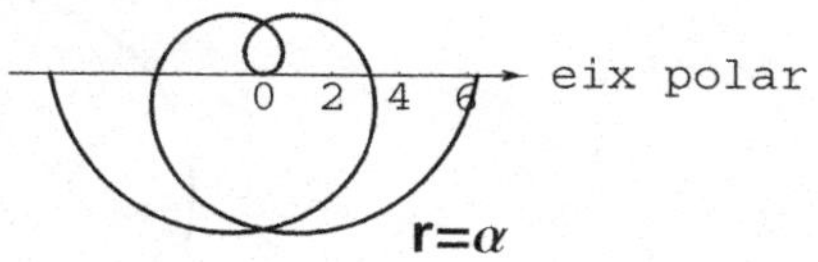

La (c) és una recta i la (d) una cardioide.

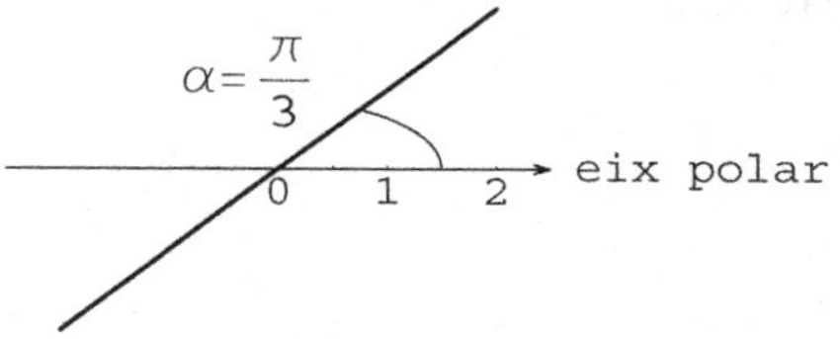

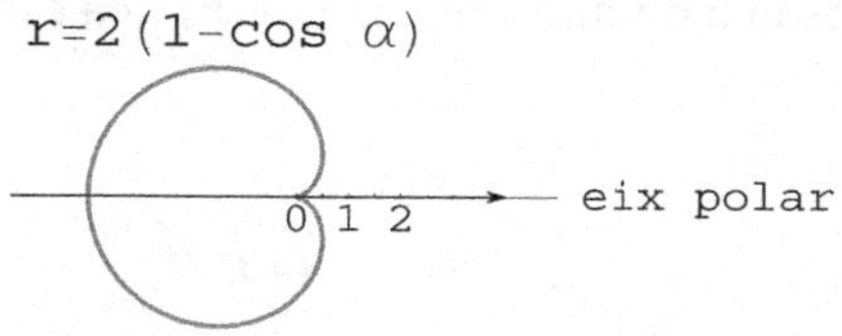

La (e) és una flor de 4 pètals i la (f) una flor de 3 pètals.

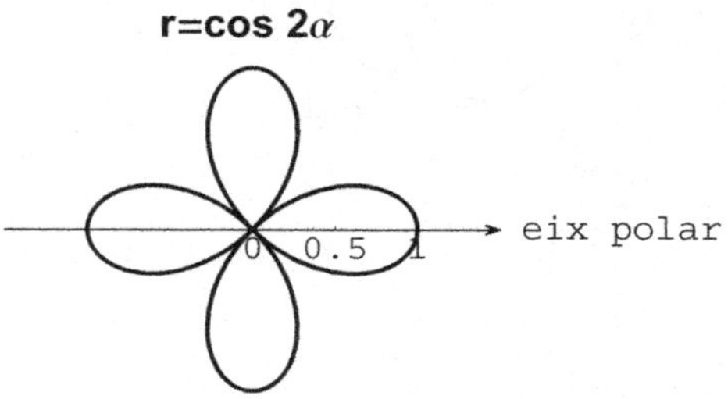

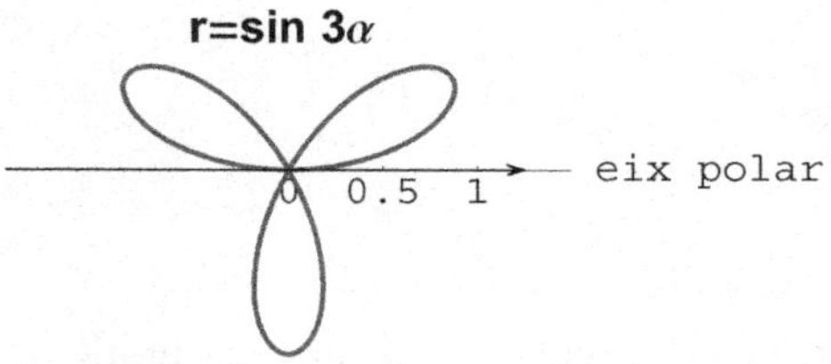

La (g) és un cargol i la (h) són dues corbes tancades.

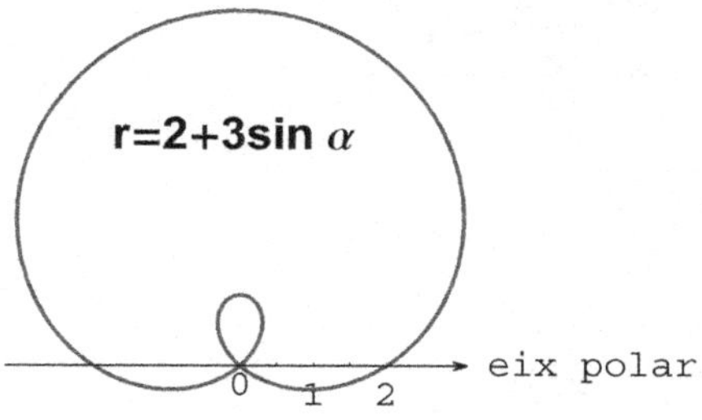

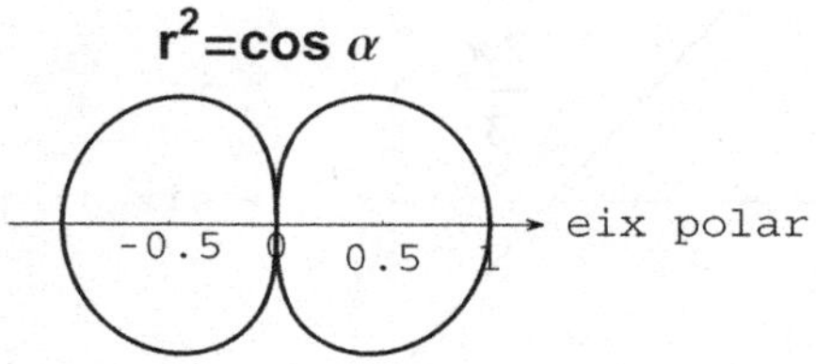

La (i) són dues circumferències.

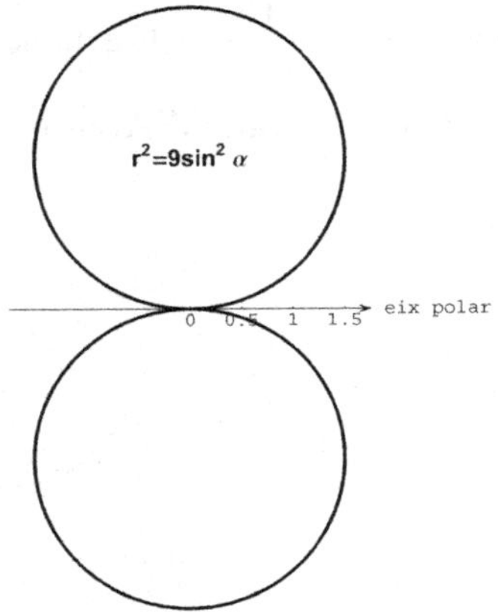

30. La (a) és una circumferència i la (b) una espiral d'Arquimedes.

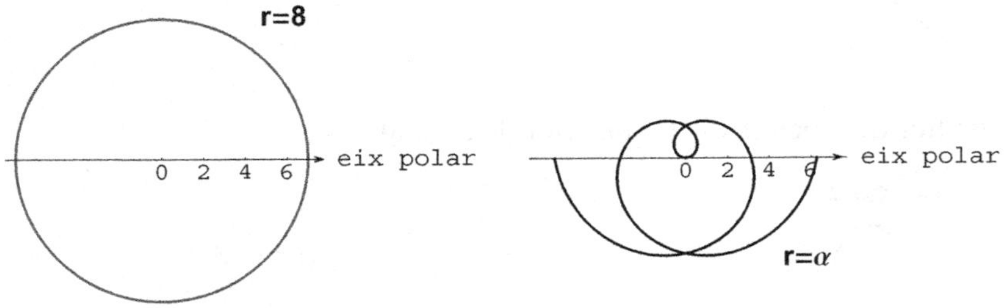

La (c) és una recta i la (d) una cardioide.

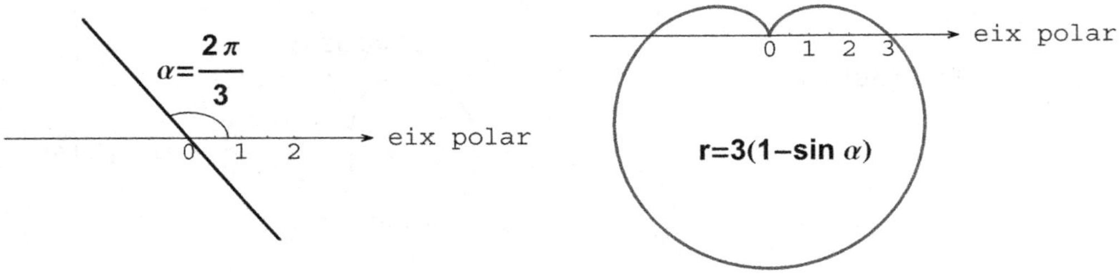

La (e) és una flor de 4 pètals i la (f) una de 3 pètals.

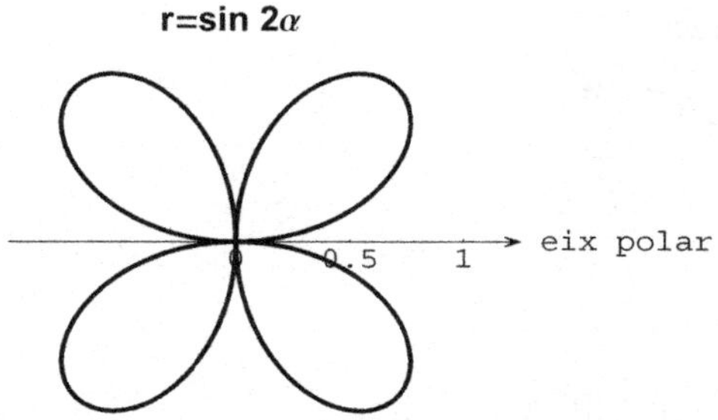

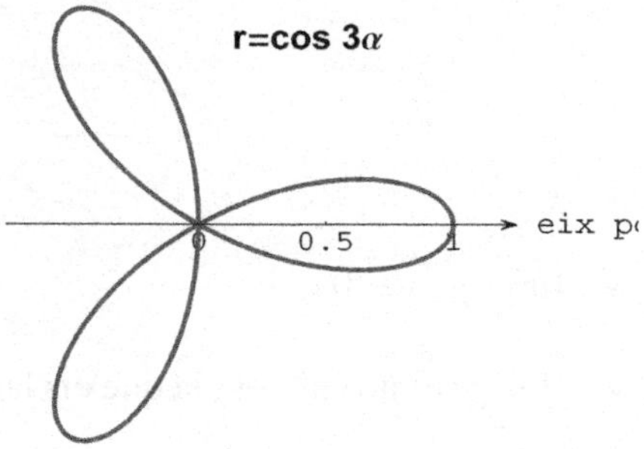

La (g) és un cargol i la (h) són dues corbes tancades.

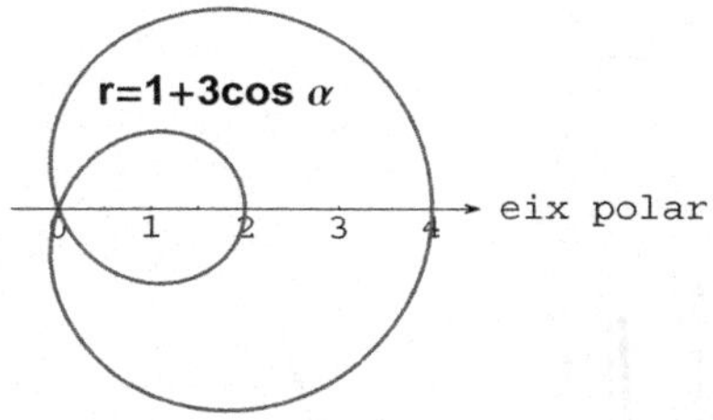

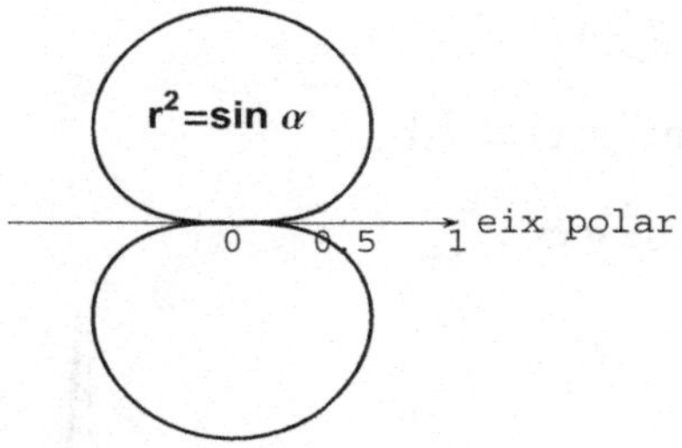

La (i) són dues circumferències.

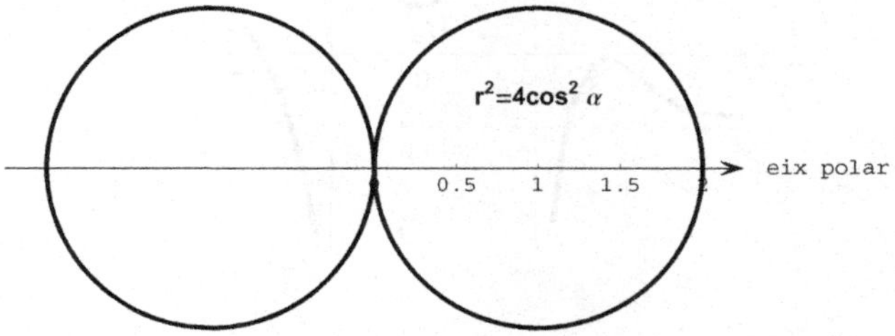

31. $r^2 = 2\sin 2\alpha$. Lemniscata. La gràfica és:

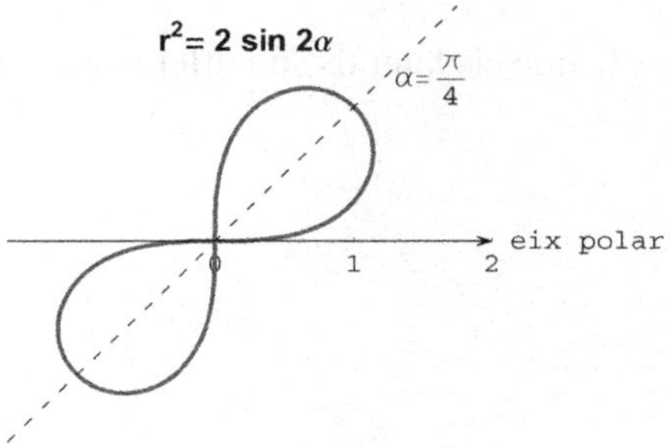

32. $r^2 = 8\cos 2\alpha$. Lemniscata.

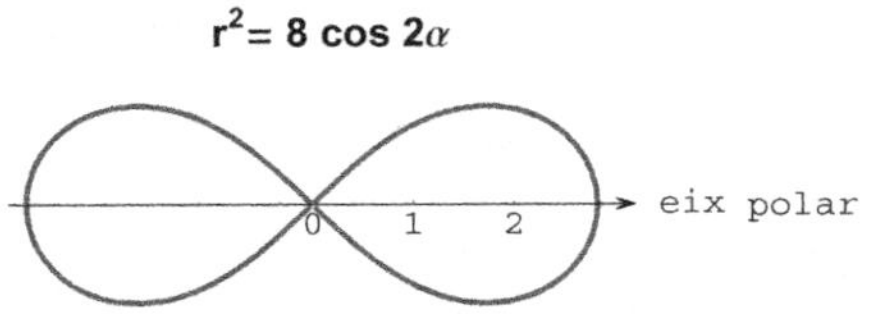

33.

- $\lim_{x\to -3} g(x) = 0$
- $\lim_{x\to -2} g(x)$ no existeix ja que els laterals són diferents: $\lim_{x\to -2^-} g(x) = -\infty$ i $\lim_{x\to -2^+} g(x) = +\infty$
- $\lim_{x\to 0} g(x) = \frac{1}{2}$
- $\lim_{x\to +\infty} g(x) = +\infty$
- $\lim_{x\to -\infty} g(x) = -1$

La gràfica de g és

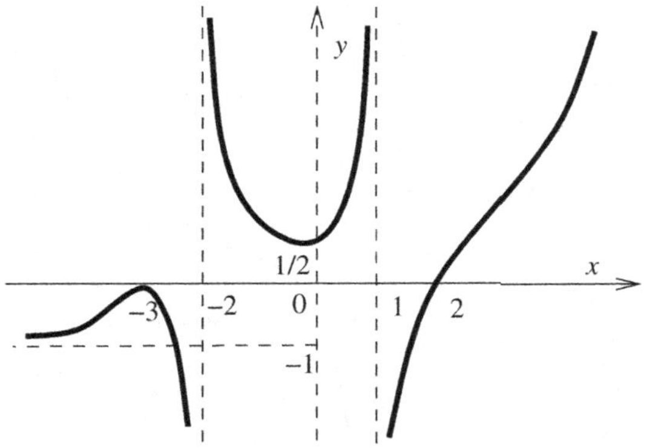

34.

- $\lim_{x\to -3} g(x) = +\infty$
- $\lim_{x\to -2} g(x) = 0$
- $\lim_{x\to -1} g(x)$ no existeix ja que els laterals són diferents: $\lim_{x\to -1^-} g(x) = -\infty$ i $\lim_{x\to -1^+} g(x) = +\infty$
- $\lim_{x\to 0} g(x) = \frac{1}{3}$
- $\lim_{x\to +\infty} g(x) = \frac{1}{2}$
- $\lim_{x\to -\infty} g(x) = 0$

La gràfica de g és

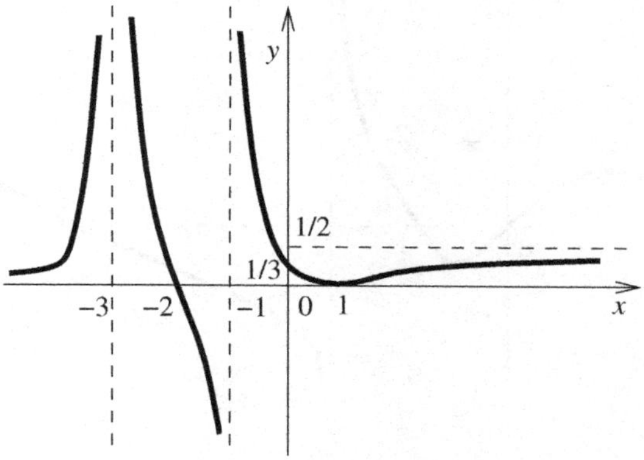

35. (a) 0.

(b) $-\frac{1}{2}$.

(c) $+\infty$ si $a_n > 0$ i $-\infty$ si $a_n < 0$.

(d) -1.

(e) $\dfrac{1}{2\sqrt{a}}$.

(f) 0.

(g) 0.

36. (a) 0.

(b) 1.

(c) na^{n-1}.

(d) 0.

(e) $\dfrac{2}{3}$.

(f) 0.

(g) 1.

37.

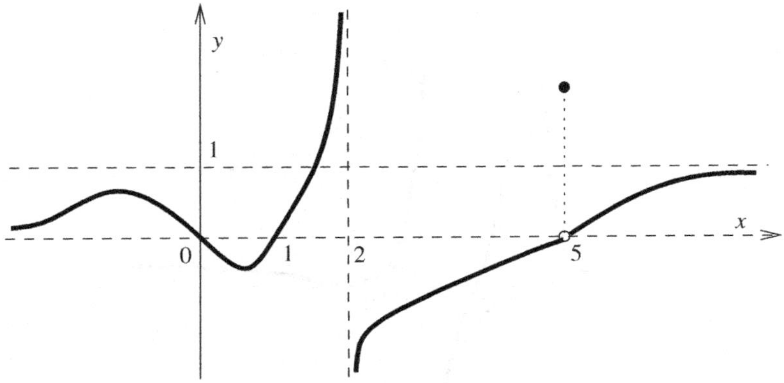

38.

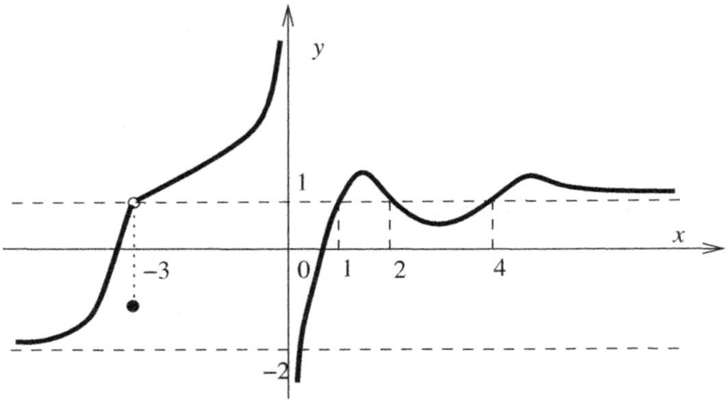

39. (a) En $x = 1$ discontinuïtat de salt. En $x = 2$ discontinuïtat essencial. En $x = 0$ discontinuïtat evitable. Si $x \notin \{0, 1, 2\}$ és contínua.

(b) Si $b \neq -1$ i $a = 1 - b$ és discontínua en $x = 0$ i contínua a la resta de punts. Si $b \neq -1$ i $a \neq 1 - b$ és discontínua en $x = 0$ i $x = 1$ i contínua a la resta de punts. Si $b = -1$ i $a \neq 2$ és discontínua en $x = 1$ i contínua a la resta de punts. Finalment, si $b = -1$ i $a = 2$ és contínua en $\mathbb{R}$.

(c) Contínua en $\mathbb{R} \setminus \{0\}$. En $x = 0$ hi ha discontinuïtat essencial.

(d) Contínua en $\mathbb{R}$.

(e) Contínua en $\mathbb{R} \setminus \{0\}$. En $x = 0$ discontinuïtat evitable (es pot evitar definint $f(0) = 0$).

40. (a) Contínua en $\mathbb{R} \setminus \{-2, 0, 1\}$. En $x = -2$ discontinuïtat essencial. En $x = 0$ discontinuïtat de salt; i en $x = 1$ discontinuïtat evitable (es pot evitar definint $f(1) = -1$).

(b) Si $a = \frac{-2}{\pi}$, contínua en $\mathbb{R}$. Si $a \neq \frac{-2}{\pi}$ és contínua en $\mathbb{R} \setminus \{\frac{\pi}{2}\}$, i en $x = \frac{\pi}{2}$ hi ha una discontinuïtat de salt.

(c) Contínua en $\mathbb{R}$.

(d) Contínua en $\mathbb{R} \setminus \{1\}$. En $x = 1$ discontinuïtat de salt.

(e) Contínua en $\mathbb{R}\setminus\{0\}$. En $x=0$ discontinuïtat de salt.

41. Apliqueu el teorema de *Bolzano* a la funció

$$f(x)=x^{183}+\frac{134}{1+x^4+\cos^2 x}-113$$

en l'interval $[0,\pi]$.

42. Apliqueu el teorema de *Bolzano* a la funció $f(x)=2x^4-14x^2+14x-1$ en els intervals $[-4,0]$, $[0,1]$, $[1,1.5]$ i $[1.5,2]$.

43. Considereu la funció $f(x)=x^2-x\sin x-\cos x$, apliqueu–li el teorema de *Bolzano* en l'interval $[0,\pi]$ i observeu que f és una funció parella.

44. Vegeu que $f(x)=f(-x)$. Apliqueu el teorema de *Bolzano* a la funció $f(x)$ als intervals $[0,3\pi]$ i $[3\pi,5\pi]$.

45. Indicació: representeu gràficament les funcions que apareixen en les equacions.

(a) Té dues arrels reals localitzades als intervals $[-\pi/2,0]$ i $[0,\pi/2]$.

(b) Té 2 solucions. Una d'elles és $x=1$ i l'altra es troba a l'interval $[2,3]$.

46. Indicació: representeu gràficament les funcions que apareixen en les equacions.

(a) Té dues solucions reals localitzades als intervals $[0,1]$ i $[1,2]$.

(b) Té 3 arrels reals. Una d'elles és $x=0$ i les altres dues es troben als intervals $[-\pi,-\pi/2]$ i $[\pi/2,\pi]$.

47. No. La funció $f(x)$ no s'anul·la en cap punt. De fet, la funció és $f(x)=\frac{(x-1)^2}{x-1}=x-1$ per a $x\neq 1$. L'únic punt on s'anul·la $x-1$ no és del domini de $f(x)$. Vegeu la gràfica:

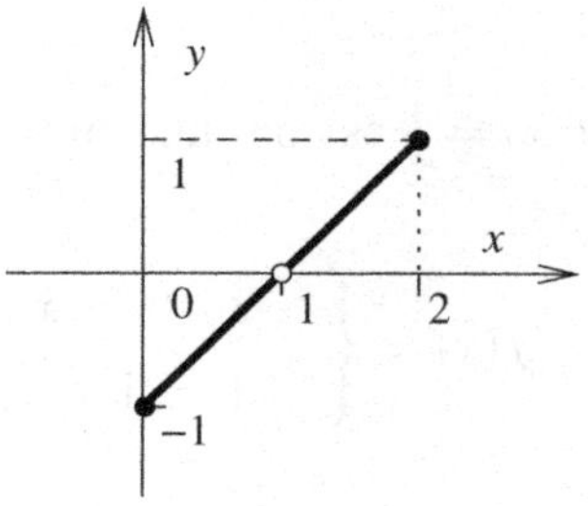

48. Observeu que la funció no és contínua en $[-4,4]$. No podeu aplicar ni el teorema de *Bolzano* ni el de *Weierstrass*. Per resoldre el problema heu de fer un estudi de la gràfica de $f(x)$.

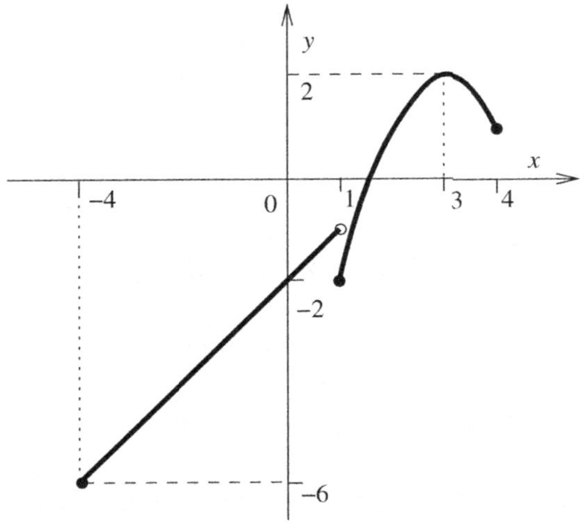

(a) El màxim absolut és 2 i s'assoleix en $x=3$. El mínim absolut és -6 i s'assoleix en $x=-4$. D'altra banda, $g([-4,4])=[-6,2]$.

(b) L'equació $g(x)=0$ té solució $x=3-\sqrt{2}$.

49. (a) $x=-2.10$.

(b) $x_1=1.14$ i $x_2=-1.84$.

50. (a) $x_1=-1.96$, $x_2=-0.65$ i $x_3=2.02$.

(b) $x_1=0.01$ i $x_2=2.44$.

51. Màxim $=1$, mínim $=-5$.

52. Màxim $=2$, mínim $=-7$.

53. Màxim $=1-e^{-1}$, mínim $=1-e^{3}$.

54. Màxim $=3-e^{-1}$, mínim $=3-e^{2}$.

55. No. Observeu que la funció no és contínua en $x=1$, i per tant no és contínua en l'interval tancat $[0,4]$.

56. Sí, però ha de ser constant.

57. No. Contraexemple: la funció $f(x)=\frac{1}{x}$ és contínua en $(0,1)$ però no hi té ni màxim ni mínim.

58. Sí. Per exemple la funció

$$f(x)=\begin{cases} -1 & \text{si} \quad x\notin\mathbb{Q} \\ 1 & \text{si} \quad x\in\mathbb{Q}\end{cases}$$

a l'interval $[-2,2]$

59. $D(f)=\mathbb{R}$, $\operatorname{Im}(f)=[0,n)$.

60. (a) $f(x)=\begin{cases} x & \text{si} \quad x\in\mathbb{Q} \\ -x & \text{si} \quad x\notin\mathbb{Q}, \end{cases}$ només és contínua en $x=0$.

(b) $f(x)=\begin{cases} 1 & \text{si} \quad x\in\mathbb{Q} \\ -1 & \text{si} \quad x\notin\mathbb{Q}. \end{cases}$

61. Que ha de ser constant.

62. Indicació: apliqueu el teorema de *Bolzano* a la funció $h(x)=f(x)-g(x)$.

63. Indicació: apliqueu el teorema de *Bolzano* a la funció $g(x)=f(x)-x$.

6.3 *Derivació*

1. (1) $y'=\dfrac{1}{2(x-1)\sqrt{x}}$.

(2) $y'=\dfrac{1}{(1-x)\sqrt{-2x(1+x)}}$.

(3) $y'=\operatorname{cotg}x$.

(4) $y'=\dfrac{x^4}{x^4-1}$.

(5) $y'=(2x)^x\big(1+\ln(2x)\big)$.

(6) $y'=0$.

(7) $y'=\dfrac{-2x^2\cosh x+\sinh^3 x}{x^2\sinh^3 x}$.

(8) $y'=0$.

(9) $y'=0$.

(10) $y'=x^{x^x+x}\left[\dfrac{1}{x}+\ln x+\ln^2 x\right]$.

2. (1) $y'=\dfrac{2}{3}\sec x$.

(2) $y'=\dfrac{-1}{2\sqrt{1-x^2}}$.

(3) $y'=\operatorname{cotanh}x$.

(4) $y'=\dfrac{2x^3+4x^2+4x+4}{(1+x^2)(1+x)^2}$.

(5) $y'=3x^{3x}(1+\ln x)$.

(6) $y'=0$.

(7) $y = \dfrac{2x^2\sinh x - \cosh x^3}{x^2\cosh^3 x}$.

(8) $y' = 0$.

(9) $y' = 0$.

(10) $y' = (\sin x)^{x^x} x^x \left[(1+\ln x)\ln(\sin x) + \operatorname{cotan} x\right]$.

3. Indicació: Deriveu tantes vegades com sigui necessari i substituïu en l'equació.

4. Indicació: Deriveu tantes vegades com sigui necessari i substituïu en l'equació.

5. (a) Derivable a $\mathbb{R}\setminus\{-5\}$.

(b) Derivable a $(0,+\infty)\setminus\{1\}$.

(c) Derivable a $(-2,+\infty)\setminus\{0\}$.

6. (a) Derivable a $\mathbb{R}\setminus\{-2,0,4\}$.

(b) Derivable a $(-5,+\infty)\setminus\{-1,0,1\}$.

(c) Derivable a $\mathbb{R}\setminus\{-1\}$.

7. És contínua en $\mathbb{R}$ i derivable en $\mathbb{R}\setminus\{0\}$. La derivada és $f'(x) = \operatorname{arctg}\frac{1}{x} - \frac{x}{x^2+1}$ si $x \neq 0$. No existeix $f'(0)$ perquè $f'(0^+) = \frac{\pi}{2}$ i $f'(0^-) = \frac{-\pi}{2}$.

8. La derivada és $f'(0) = 0$ i $f'(x) = 2x\sin\frac{1}{x} - \cos\frac{1}{x}$ si $x \neq 0$. La funció f' és contínua en $\mathbb{R}\setminus\{0\}$.

9. Aplicant la definició de derivada s'obté que $f''(0) = 0$, però no existeix el límit $\lim\limits_{x\to 0} f''(x)$.

10. (a) Sí.

(b) Sí.

(c) No, al punt $x = 0$ no és dues vegades derivable.

11. No és derivable en $x = \frac{1}{\ln 2}$ perquè no és contínua. No és derivable en $x = 0$ perquè existeixen les derivades laterals però no coincideixen. La derivada de la funció és $f'(x) = \dfrac{1}{2-e^{\frac{1}{x}}} - \dfrac{e^{\frac{1}{x}}}{x\left(2-e^{\frac{1}{x}}\right)^2}$, si $x \notin \{0, \frac{1}{\ln 2}\}$

12. No és derivable en $x = 1$ perquè no és contínua. No és derivable en $x = 0$ perquè les derivades laterals no coincideixen. La derivada de la funció és $f'(x) = \dfrac{3e^{1/x^3}}{x^4\left(e^{1/x^3} - e\right)^2}$, si $x \notin \{0,1\}$.

13. $a = \frac{3}{2}$ i $b = \frac{-1}{2}$.

14. Cal definir $f(1) = 0$ per tal que f sigui contínua en $x = 1$. Els valors han de ser $a = -2$ i $b = 1$.

15. (a) La funció és contínua en $\mathbb{R}\setminus\{1\}$. Per tal que sigui contínua en $x = 1$ ha de ser $a+b = -2$. La funció és derivable en $\mathbb{R}\setminus\{-1,1\}$. Al punt $x = -1$ no pot ser derivable per a cap valor de a ni de b. Per tal que sigui derivable en $x = 1$ ha de ser $a = 2$ i $b = -4$.

(b) És injectiva en $[-1,+\infty)$.

(c) La funció inversa és

$$f^{-1}(x) = \begin{cases} \dfrac{2}{x+4} & \text{si} \quad -4 < x \le -2 \\ \dfrac{-x}{2} & \text{si} \quad -2 < x \le 2 \end{cases}$$

(d) La funció demanada és

$$\frac{1}{f(x)} = \begin{cases} \dfrac{1}{2} & \text{si } x \le -1 \\ \dfrac{-1}{2x} & \text{si } -1 < x < 0 \text{ i } 0 < x < 1 \\ \dfrac{x}{2-4x} & \text{si } x \ge 1 \end{cases}$$

i la seva gràfica és

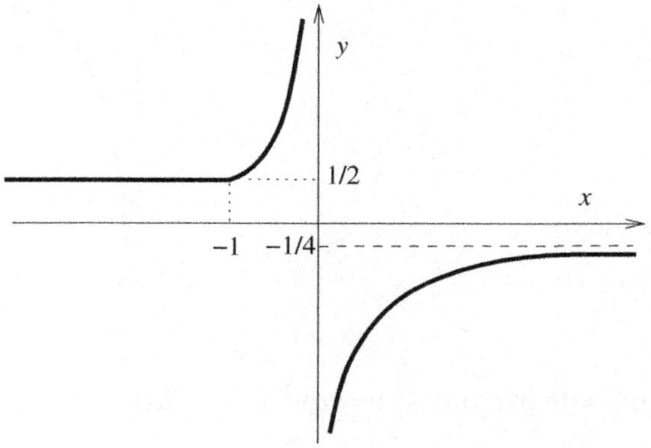

16. (a) La funció és contínua en $\mathbb{R}\setminus\{2\}$. Per tal que sigui contínua en $x=2$ ha de ser $4a-2b=3$. La funció és derivable en $\mathbb{R}\setminus\{-1,2\}$. Al punt $x=-1$ no pot ser derivable per a cap valor de a ni de b. Per tal que sigui derivable en $x=2$ ha de ser $a=\frac{1}{2}$ i $b=-\frac{1}{2}$.

(b) La gràfica de la funció $f(x)$ és

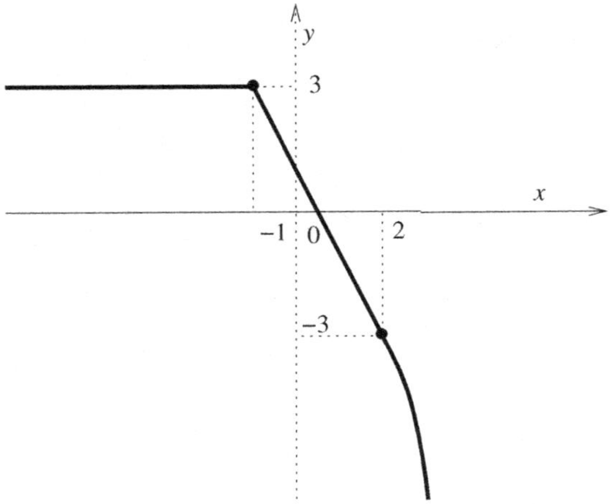

(c) La imatge de $f(x)$ és $(-\infty, 3]$.

(d) El domini de $g(x)$ és $(-\infty, \frac{1}{2}]$.

(e) La gràfica de $h(x) = \dfrac{1}{f(x)}$ és

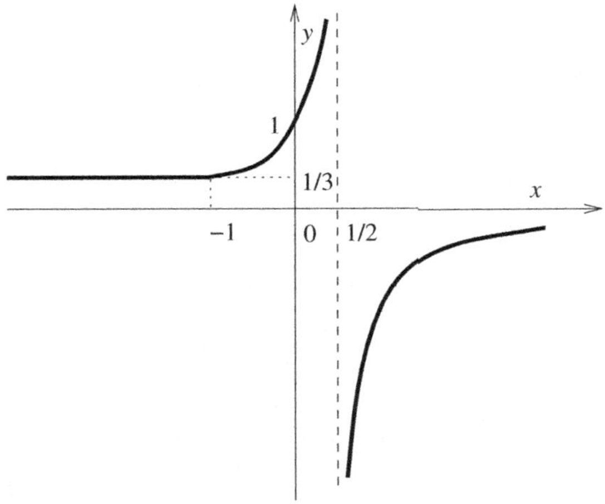

17. $(\frac{7}{4}, \frac{1}{16})$.

18. De fet, és una família de paràboles: $y = ax^2 + (1-2a)x + a$.

19. $a = 1, b = 0$ i $c = -1$.

20. $A = 12, B = -50, C = 68$ i $D = -30$.

21. (a) $(1,1)$.

(b) Si $a=0$ tenim el punt corresponent a $x=1$. Si $a\neq 0$ hi ha dos punts, que corresponen a $x=1\pm\dfrac{a}{\sqrt{1+a^2}}$.

22. $\left(\frac{1}{8},\frac{-1}{16}\right)$.

23. $\frac{17}{2}$.

24. $\frac{17}{2}$.

25. $40\sqrt{2}-15(\approx 41.57)$ milles per hora.

26. 28 kg cm^2/s.

27. 30000π cm^3/s.

28. El coeficient de variació de l'aresta és de $\frac{-1}{24}$ cm/minut. El de la superfície és de -2 cm^2/minut ($\frac{-1}{3}$ cm^2/minut cada cara).

29. $\frac{-2}{5}$ unitats per segon.

30. $\left(\frac{9}{8},\frac{9}{2}\right)$.

31. $(f\circ g)'(0)=5$.

32. $(f\circ g)'(0)=3\pi$.

33. La recta tangent és $y=-x+\frac{\sqrt{2}}{2}$ i la recta normal $y=x$.

34. La recta tangent és $y=x+2-\frac{\pi}{2}$ i la recta normal $y=-x+\frac{\pi}{2}$.

35. $(\operatorname{arccotg} y)'=\dfrac{-1}{1+y^2}$.

36. $(\operatorname{argtanh} y)'=\dfrac{1}{1-y^2}$.

37. $y=2\pi x+\frac{3\pi}{4}-\pi^2$.

38. N'hi ha dos: $\left(-4\sqrt{\frac{2}{5}},\sqrt{\frac{2}{5}}\right)$ i $\left(4\sqrt{\frac{2}{5}},-\sqrt{\frac{2}{5}}\right)$.

39. Punts de tall: $(-\sqrt{3},0)$ i $(\sqrt{3},0)$. Són paral·leles ja que el pendent d'ambdues rectes és $\frac{-1}{2}$.

40. Àrea $=2$.

41. Si $a\neq 0$ la recta tangent és $y-a=-\frac{2}{5}(x-a)$ i la normal és $y-a=\frac{5}{2}(x-a)$.
Si $a=0$ la recta tangent és $x=0$ i la normal és $y=0$.

42. (a) $2x-11y+20=0$.

(b) $r^2=\frac{25}{4}\sin 2\alpha$, és una lemniscata.

(c) $r'(\alpha)=-\frac{3\sqrt{5}}{4}$.

43. $\frac{\pi}{4}$.

44. $\frac{\pi}{2}$.

45. (a) H'hi ha quatre: $p = 1 \pm \sqrt{2}$ o bé $p = -1 \pm \sqrt{2}$,
(b) Sí, hi ha dos valors: $p = \pm 1$.

46. (a) $a = \frac{1}{2}$.
(b) L'àrea val $\frac{45}{4}$.

47. (a) $\dfrac{dx}{dt} = \dfrac{3t^2 - 2tx}{t^2 + 2x}$.
(b) A 1,5 km.
(c) $\dfrac{d^2x}{dt^2}(2) = \dfrac{33}{343}$ km/s^2.

48. (a) $x(3) = 1$ m, $x'(3) = \frac{-1}{3}$ m/s i $x''(3) = \frac{2}{9}$ m/s^2.
(b) $\dfrac{dx}{dt} = \dfrac{x}{6 - 3x - 2t}$.

49. Té una única arrel real i la part entera és -3. La funció $f(x) = x^3 + 2x^2 + 2x + 6$ és estrictament monòtona.

50. Té una única arrel real. La seva part entera val 0. La funció $P(x)$ és estrictament monòtona.

51. Té exactament dues arrels reals. Localitzeu les arrels als intervals $[1, e]$ i $[e, e^2]$. Indicació: estudieu la monotonia de la funció $f(x) = 3\ln x - x$ en tot el seu domini.

52. Té exactament dues arrels reals. Localitzeu les arrels als intervals $[-3, -2]$ i $[1, 2]$. Indicació: estudieu la monotonia de la funció $f(x) = e^x - x - 3$ en tot el seu domini.

53. Indicació: localitzeu una arrel en l'interval $[0, 1]$ i vegeu que la funció $f(x) = x - 2^{-x}$ és injectiva. La part entera és 0.

54. Indicació: localitzeu una arrel en l'interval $[0, 1]$ i vegeu que la funció $f(x) = 2x + 1 - e^{1-x}$ és injectiva. La part entera és 0.

55. Només té inversa global si $a \geq 0$, independentment del valor de b.

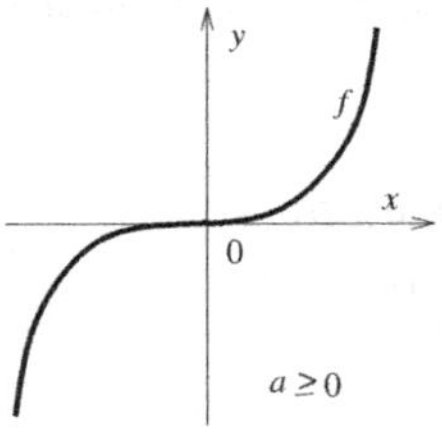

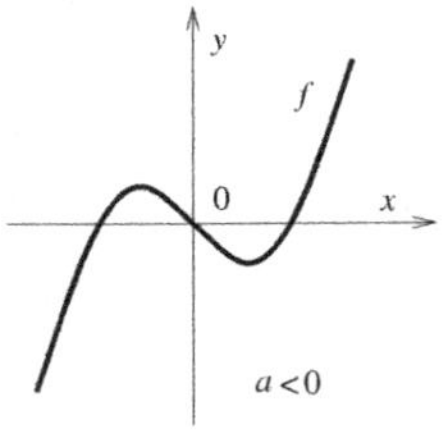

56. Indicació: estudieu els intervals de monotonia de $g_n(x)$ i vegeu que és injectiva en $[0, 1]$ per a tot n.

57. Siguin a i b els costats del rectangle. S'obté $a = b = \frac{P}{4}$.

58. És un quadrat de costat $\sqrt{2}\,R$.

59. El radi és $\sqrt{\frac{2}{3}}\,R$ i l'altura val $\frac{2}{\sqrt{3}}\,R$.

60. El radi és $\sqrt[3]{\frac{V}{2\pi}}$ i l'altura val $\sqrt[3]{\frac{4V}{\pi}}$.

61.
(a) El costat de la base fa $\sqrt{2}$ m i l'alçària 1 m.
(b) No té sentit l'àrea lateral màxima, ja que tant quan la base tendeix a zero com quan tendeix a $+\infty$, l'àrea lateral no és fitada, sinó que tendeix cap a $+\infty$.

62. El radi fa $50,3$ cm i l'altura $125,8$ cm.

63. $(\sqrt{3}, 6)$.

64. Si el catet de 10 cm correspon al costat de 100 cm, obteniu un mirall de 100×55 cm^2. A l'altre cas, n'obtindreu un de 95×60 cm^2.

65. Si trenquem el diamant en dos trossos de pesos $x > 0$ i $y > 0$, la depreciació és $2kxy > 0$, on k és una constant de proporcionalitat. La depreciació és màxima quan els dos trossos són iguals: $x = y$.

66. L'altura és $\frac{2\pi+8}{3\pi+8}$ m i el radi del semicercle val $\frac{8}{3\pi+8}$ m.

67. $(0.85, 0.61)$, aproximadament.

68. El costat dels quadrats ha de ser $\frac{3-\sqrt{3}}{6}\,a$.

69.
(a) $\alpha = \frac{\pi}{4}$. L'abast és $\frac{v_0^2}{g}$.
(b) L'alçada màxima val $\frac{v_0^2}{4g}$.

70. Ha de conduir a $v = 90$ km/h. Haurà fet 600 km.

71. Hem de dedicar tot el cordill a fer el cercle.

72. S'ha allunyar $0,49$ metres.

73. 96 euros.

74. 540 000 euros.

75. El punt és el $(2, 1)$.

76. Té sentit àrea mínima i val 4; correspon al pendent negatiu $m = -2$. La recta és $y - 2 = -2(x - 1)$. No té sentit àrea màxima ja que quan el pendent tendeix a 0^- o tendeix a $-\infty$, l'àrea tendeix a $+\infty$.

77.
(a) Apliqueu el teorema de *Weierstrass*. El màxim absolut és 1 i s'assoleix en $x = 1$; el mínim absolut és -3 i s'assoleix en $x = 9$.

(b) Estudieu $\lim_{x\to+\infty} g(x)$. No té màxim absolut. El mínim és $\left(\frac{1}{e}\right)^{1/e}$.

(c) Apliqueu el teorema de *Weierstrass*. Màxim $= 1$, mínim $= \frac{3}{5}$.

78. (a) Apliqueu el teorema de *Weierstrass*. Màxim $= 4$, mínim $= 0$.

(b) Estudieu $\lim_{x\to\pi/2} g(x)$. Màxim $= 1$, no té mínim absolut.

(c) Apliqueu el teorema de *Weierstrass*. Màxim $= \frac{\pi}{4}$, mínim $= 0$.

79. (1) 0.

(2) 1.

(3) $-\infty$.

(4) 0.

80. (1) $1/3$.

(2) $3/2$.

(3) 1.

(4) $1/\sqrt{2}$.

81. (1) -2.

(2) ∞.

(3) $1/2$.

(4) $+\infty$.

82. (1) 1.

(2) 4.

(3) 1.

(4) 0.

83. (1) 1.

(2) $1/2$.

(3) ∞.

(4) $1/2$.

84. (1) 0.

(2) $-1/12$.

(3) 0.

(4) $-\infty$.

85. (1) $-1/2$.

(2) $1/\sqrt{3}$.

(3) 0.

(4) 1.

86. (1) 0.

(2) 3.

(3) 1.

(4) 1.

87. -60.

88. -5.

89. (a) $f^{(2n)}(x) = (-1)^n \sin x$, $f^{(2n+1)}(x) = (-1)^n \cos x$.

(b) $g^{(n)}(x) = (-1)^{n-1} \frac{(n-1)!}{(1+x)^n}$.

90. (a) $f^{(2n)}(x) = (-1)^n \cos x$, $f^{(2n+1)}(x) = (-1)^{n-1} \sin x$.

(b) $g^{(n)}(x) = (-1)^n \frac{n!}{(1+x)^{n+1}}$.

91. $P_3(x) = a_0 + a_1x + a_2x^2 + a_3x^3$.

92. $P_3(x) = 0$.

93. $y = 1 + \dfrac{2}{3}x - \dfrac{4}{9}x^2$. L'àrea demanada val $\dfrac{13}{12}$ u.a.

94. Indicació: Trobeu el polinomi de *Taylor* de grau 2 en $a = 0$ per a la funció que defineix la catenària.

95. $y = 1 + x + \dfrac{x^2}{2} + \dfrac{x^3}{6}$.

96. $y = x + \dfrac{x^2}{2} + \dfrac{x^3}{3}$.

97. $y = \dfrac{-1}{8}x^2 + x + \dfrac{3}{2}$.

98. $y = \frac{1}{3}x^2 + \frac{1}{3}x - \frac{5}{3}$.

99. $y = -2x^2 + 6x - 6$.

100. $y = -3 - \frac{3}{8}(x-2) - \frac{7}{256}(x-2)^2$.

101. (a) Mínim relatiu.

(b) Punt d'inflexió.

(c) Màxim relatiu.

102. (a) Punt d'inflexió.
(b) Màxim relatiu.
(c) Mínim relatiu.

103. (a) $g(-2)=\pi$, $g'(-2)=0$, $g^{(10)}(-2)=0$, $g^{(41)}(-2)=\sqrt{3}\cdot 41!$, $g^{(42)}(-2)=-\frac{42!}{24}$ i no sabem quant val $g^{(47)}(-2)$.
(b) $P(-2)=\pi$, $P'(-2)=0$, $P^{(10)}(-2)=0$, $P^{(41)}(-2)=\sqrt{3}\cdot 41!$, $P^{(42)}(-2)=-\frac{42!}{24}$ i $P^{(47)}(-2)=0$.
(c) Té un punt d'inflexió.

104. (a) $g(-3)=\ln 2, g'(-3)=0, g^{(27)}(-3)=0, g^{(34)}(-3)=-5\cdot 34!, g^{(36)}(-3)=0, g^{(38)}(-3)=-\dfrac{38!}{7!}$ i no sabem quant val $g^{(50)}(-3)$.
(b) $P(-3)=\ln 2, P'(-3)=0, P^{(27)}(-3)=0, P^{(34)}(-3)=-5\cdot 34!, P^{(36)}(-3)=0, P^{(38)}(-3)=-\dfrac{38!}{7!}$ i $P^{(50)}(-3)=0$.
(c) Té un màxim relatiu.

105. Indicació: deriveu dues vegades $g(x)$ i $h(x)$. La funció $g(x)$ és còncava amunt en $\mathbb{R}$ i $h(x)$ també.

106. Indicació: deriveu dues vegades $g(x)$ i $h(x)$. La funció $g(x)$ és còncava avall en $\mathbb{R}$ i $h(x)$ és còncava amunt.

107. Indicació: Substituïu els desenvolupaments en l'expressió $e^{ix}=\cos x+i\sin x$ i teniu en compte que $i^2=-1$.

108. Indicació: Substituïu els desenvolupaments en les dues expressions i teniu en compte que $i^2=-1$.

109. (a) $P_3(x)=\frac{5}{6}x^3-x$.
(b) Una bona fita és $\frac{1}{24}$.

110. (a) $P_4(x)=\frac{25}{24}x^4+2x^3+\frac{1}{2}x^2+1$.
(b) Una bona fita és $\frac{1}{120}$.

111. Per als valors x tals que $|x|<0,084$.

112. $|\text{error}|\leq\dfrac{1}{16}$.

113. $y=1+x-\dfrac{1}{2}x^2$. Indicació: per fitar l'error utilitzeu el residu de *Lagrange*.

114. 1000.

115. Indicació: utilitzeu el desenvolupament de *Maclaurin* de la funció $\arctan x$, per exemple. Obteniu $\pi\simeq 3,1415$.

116. Indicació: feu servir el desenvolupament de *Maclaurin* de la funció $\sin x$. Obteniu $\sin 1\simeq 0,841$.

117. El límit no existeix ja que $\lim_{x\to 0^+} \dfrac{x+1}{1-\dfrac{\sin x}{|x|}} = \infty$ i $\lim_{x\to 0^-} \dfrac{x+1}{1-\dfrac{\sin x}{|x|}} = \frac{1}{2}$.

118. El límit no existeix ja que $\lim_{x\to 0^+} \dfrac{\dfrac{2|x|}{e^x-1}-2}{x^2+4} = 0$ i $\lim_{x\to 0^-} \dfrac{\dfrac{2|x|}{e^x-1}-2}{x^2+4} = -1$.

119. $f(-3) = \frac{1}{2}$.

120. $f(1) = 1$.

121. (a) 3.
(b) $4\ln 2$.
(c) 2.
(d) 2.

122. (a) 2.
(b) $\dfrac{2}{3}$.
(c) $\sin^2 2$.
(d) 1.

123. (a) $\sin(-0,003) \approx -0.003$.
(b) $e^{-0,05} \approx 0,95$.
(c) $\ln 0,99 \approx -0,01$.
(d) $\text{tg}\, 0,2 \approx 0,2$.
(e) $\sinh(-0,05) \approx -0,05$.
(f) $\dfrac{1}{\sqrt[4]{0,946}} \approx 1,0135$.

124. (a) $e^{-0,08} \approx 0,92$.
(b) $\cos 0,001 \approx 1$.
(c) $\ln 0,97 \approx -0,03$.
(d) $\text{tg}\,(-0,01) \approx -0,01$.
(e) $\sinh 0,5 \approx 0,5$.
(f) $\dfrac{1}{\sqrt[3]{0,97}} \approx 1,01$.

125. En l'apartat (a) no té extrem relatiu; en l'apartat (b) la funció f té un màxim relatiu en $x = a$.

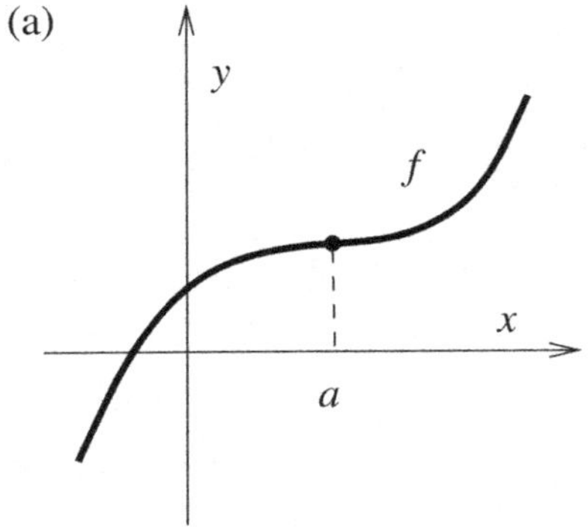

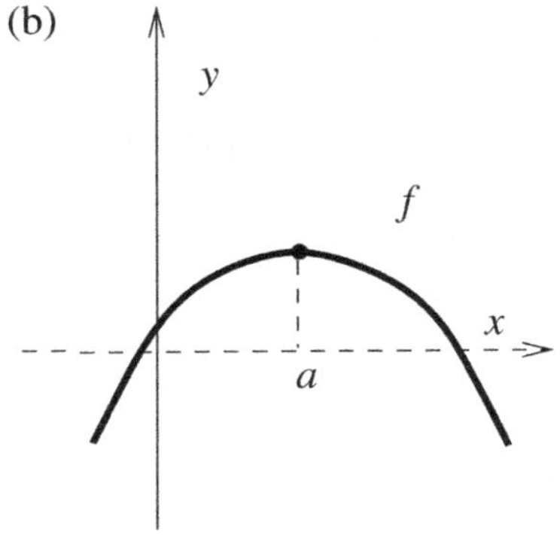

126. En l'apartat (a) la funció f té un mínim relatiu en $x = a$; en l'apartat (b) no té extrem relatiu.

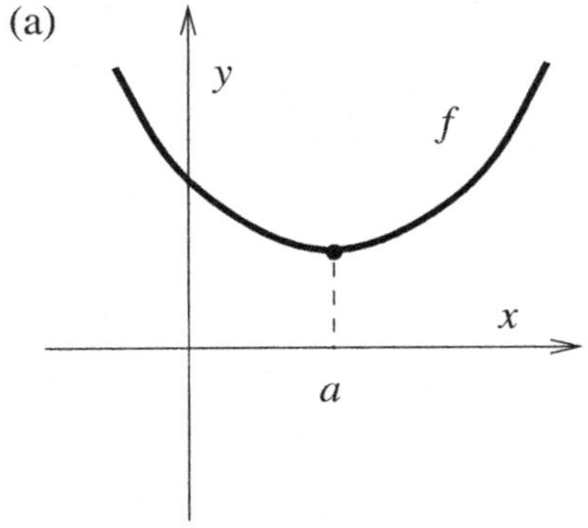

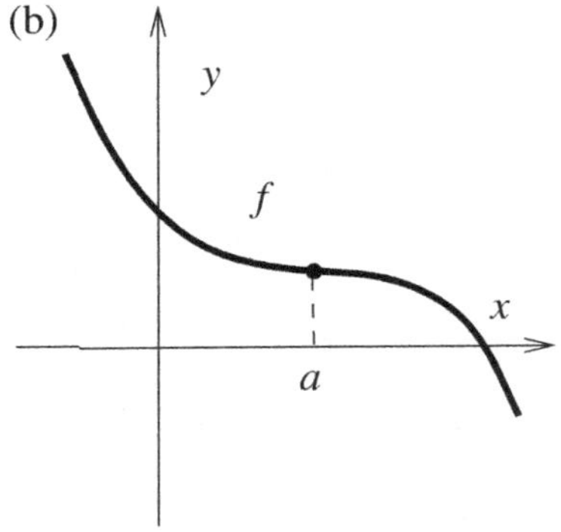

127. a $\rightarrow$ 6, b $\rightarrow$ 3, c $\rightarrow$ 5, d $\rightarrow$ 2, e $\rightarrow$ 1, f $\rightarrow$ 4.

128. a $\rightarrow$ 5, b $\rightarrow$ 6, c $\rightarrow$ 1, d $\rightarrow$ 2, e $\rightarrow$ 3, f $\rightarrow$ 4.

129.

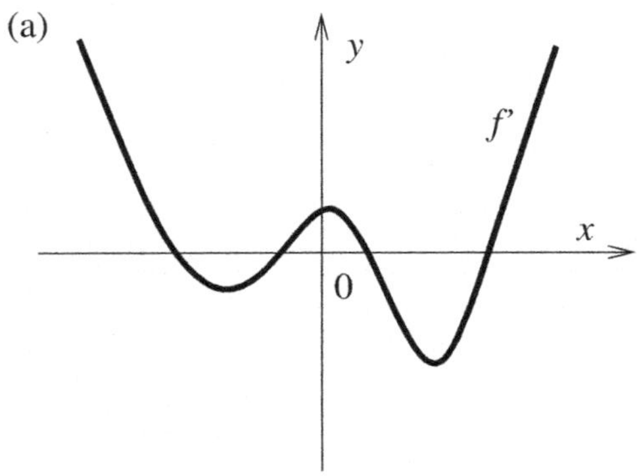

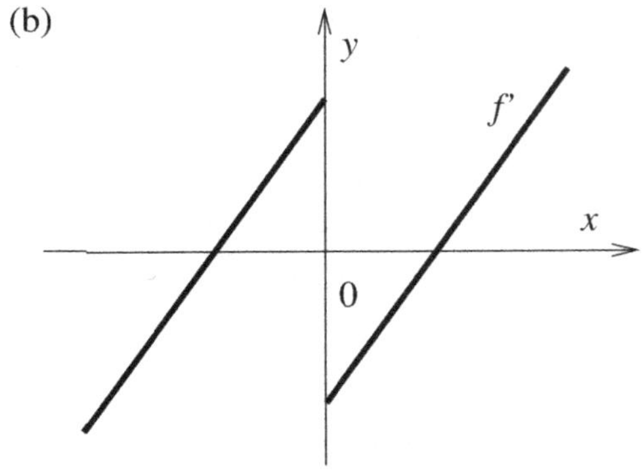

130.

(a)

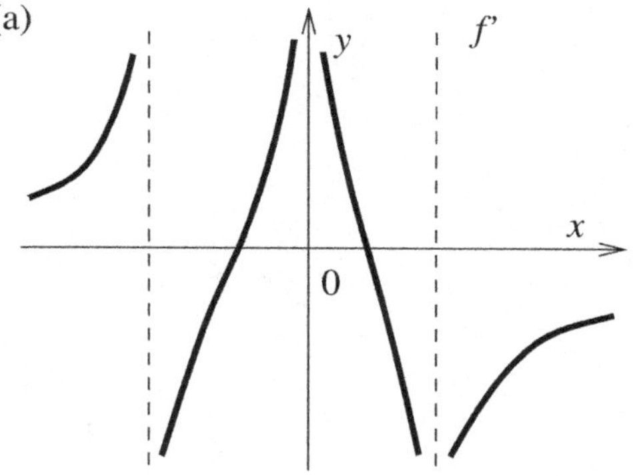

(b)

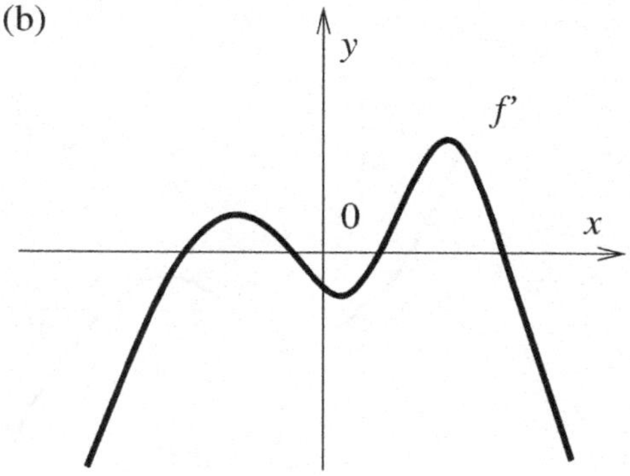

131. Aquí hem representat unes possibles solucions. Cal tenir en compte que si $f(x)$ és una solució, aleshores $f(x)+k$ també ho és, per a qualsevol constant $k \in \mathbb{R}$.

(a)

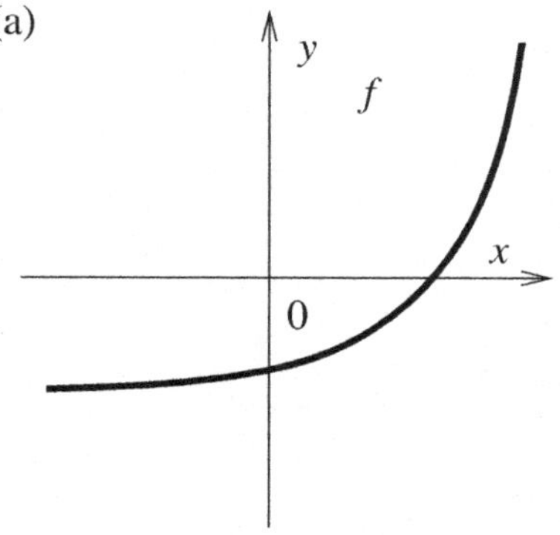

(b)

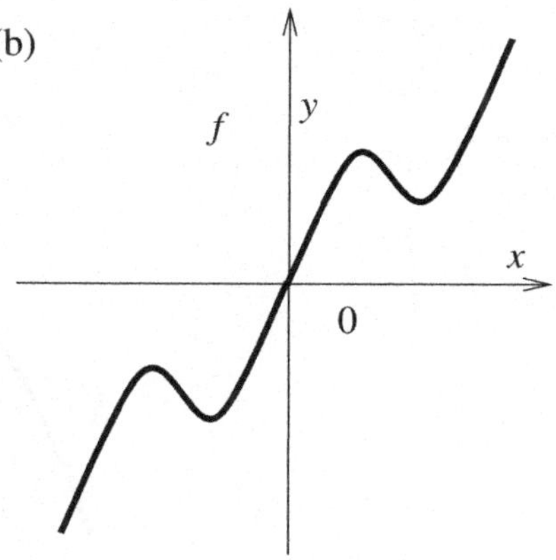

132. Aquí hem representat unes possibles solucions. Cal tenir en compte que si $f(x)$ és una solució, aleshores $f(x)+k$ també ho és, per a qualsevol constant $k \in \mathbb{R}$.

(a)

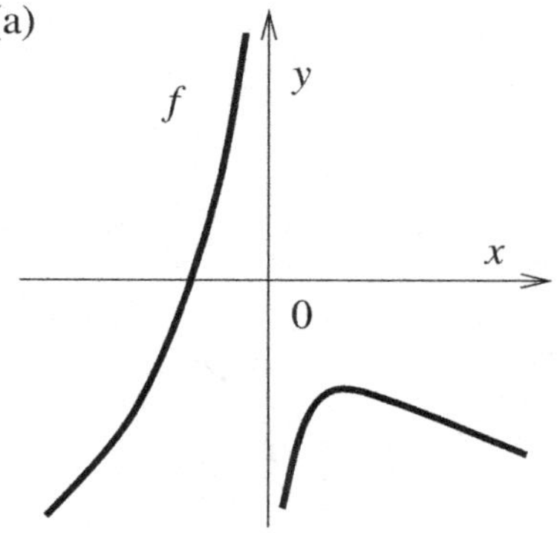

(b)

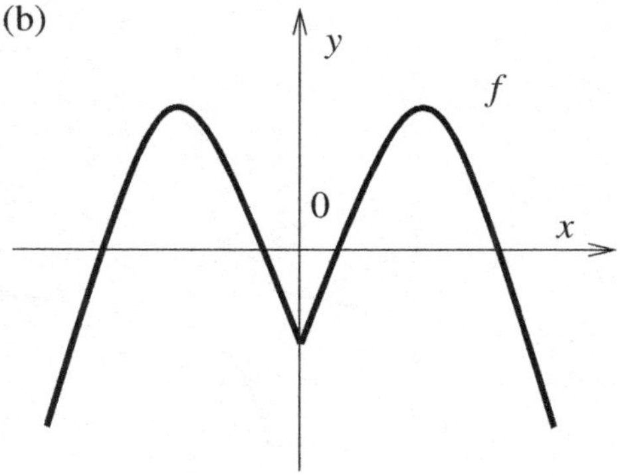

133. Les gràfiques de $f'(x-1)$ i $f'(x)$ són respectivament

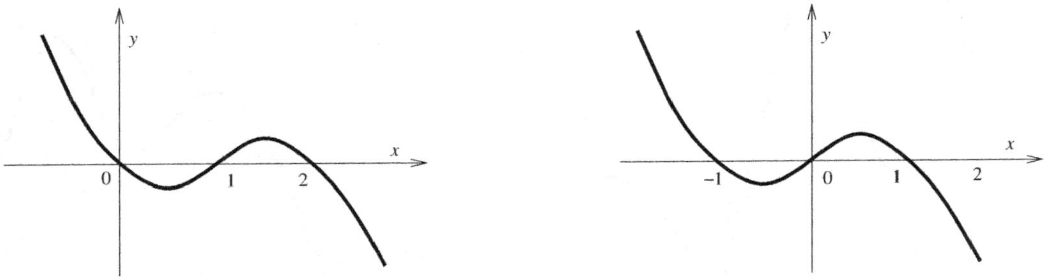

i la de $f(x)$ és

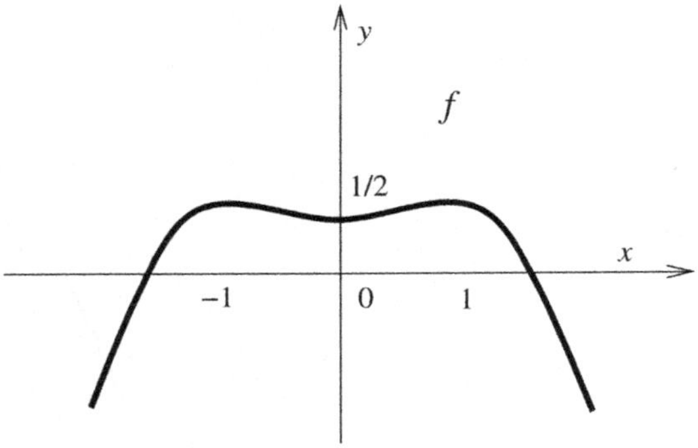

134. Les gràfiques de $f'(x+2)$ i $f'(x)$ són respectivament

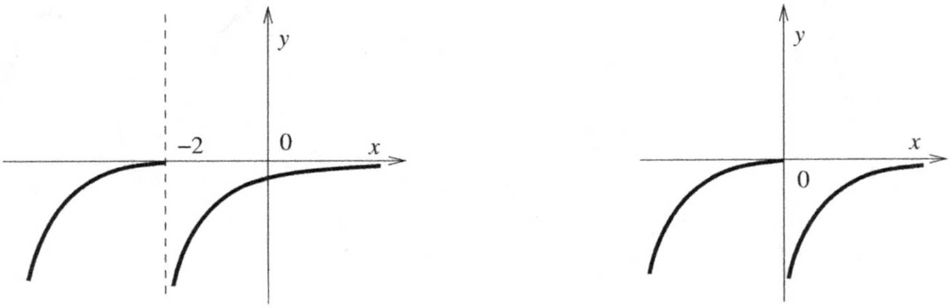

i la de $f(x)$ és

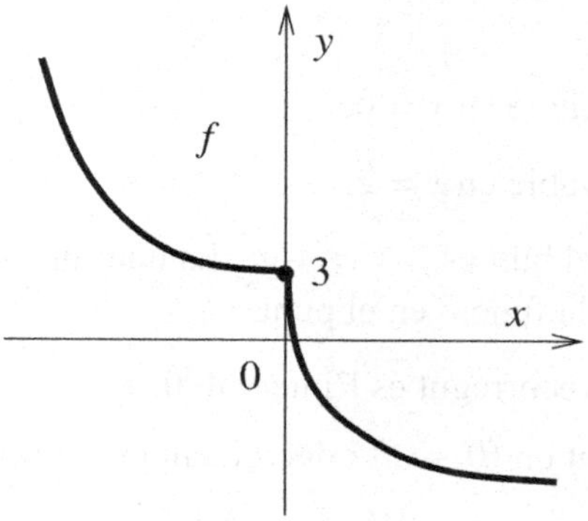

135. (a) 0.739085.
(b) $1.597533, -4.999998$.
(c) $-0.636733, 1.409624$.
(d) 2.506184.
(e) $\pm 0.514169, \pm 2.518946$.

136. (a) 0.567143.
(b) $-1.972169, 3.271812$.
(c) 3.591121.
(d) $1.629270, 3.385985$.
(e) $-1.164035, 1.452627$.

137. Indicació: apliqueu la definició de derivada a F. La derivada és $F'(a) = f(a)$.

138. S'obté $f'(0) = 0$ utilitzant la definició de derivada.

139. Indicació: aquesta demostració és similar a la del binomi de *Newton*.

140. Indicació: apliqueu el problema anterior.

141. (a) $f(x) = |x|$.
(b) $f(x) = \sqrt[3]{x}$.
(c) $f(x) = -1$ si $x \in \mathbb{Q}$, i $f(x) = 1$ si $x \notin \mathbb{Q}$.
(d) $f(x) = x^2$ si $x \in \mathbb{Q}$, i $f(x) = 0$ si $x \notin \mathbb{Q}$.

142. Indicacions:

(a) Apliqueu el teorema del valor mitjà a la funció $\sin x$ a l'interval (a, b).
(b) Apliqueu el teorema del valor mitjà a la funció $\arcsin x$ a l'interval $(0, x)$.
(c) Apliqueu el teorema del valor mitjà a la funció arctg x a l'interval $(0, x)$.

(d) Estudieu les dues desigualtats per separat. En ambdós casos, preneu la funció $\ln x$ a l'interval $(1,x)$.

143. No, perquè $f(x)$ no és derivable en $x=0$.

144. No, perquè $f(x)$ no és derivable en $x=2$.

145. La velocitat de caiguda en el buit és $v=v_0+gt$. És una funció contínua en el buit ja que el límit coincideix amb el valor de la funció en el punt.

146. (a) El domini és $\mathbb{R}$ i el recorregut és l'interval $[0,n)$.

(b) La funció és creixent en $(0,+\infty)$ i decreixent en $(-\infty,0)$.

(c) La funció és còncava amunt en $\left(\frac{-1}{\sqrt{3}},\frac{1}{\sqrt{3}}\right)$ i còncava avall en $\left(-\infty,\frac{-1}{\sqrt{3}}\right)\cup\left(\frac{1}{\sqrt{3}},+\infty\right)$.

(d) El límit val -1.

147. (a) L'àrea del triangle és 4.

(b) Té mínim absolut (i relatiu) en $(2,1)$. L'àrea mínima és 4.

(c) L'angle és $\alpha=\text{arctg}\left|\frac{m_1-m_2}{1+m_1m_2}\right|=\text{arctg}\,|12/29|=22.48^\circ$.

6.4 *Integració*

1. Només cal derivar i comprovar que $f(x)=-f(x)\quad\forall x\in[0,1]$.

2. (a) És certa: si és derivable és contínua, i si és contínua també és integrable *Riemann.*

(b) És falsa: la funció $f(x)=|x|$ és integrable *Riemann* en $[-1,1]$, però no és derivable en $(-1,1)$.

(c) És falsa: la funció $f(x)=\begin{cases}0 & \text{si}\quad 0\leq x\leq 1\\ 1 & \text{si}\quad 1<x\leq 2\end{cases}$ és integrable en $[0,2]$, però no és contínua.

(d) És falsa: la funció $f(x)=x^2$ és integrable en $[-1,1]$ i, tanmateix, no hi té inversa.

3. (a) 0.

(b) $\cos b^2$.

(c) $-\cos a^2$.

4. (a) 0.

(b) e^{n^2}.

(c) $-e^{m^2}$.

5. (a) $F'(x)=1+\sin x^2$.

(b) $F'(x)=\cos(\sin^3 x)\cdot\cos x-3x^2\cos x^9$.

(c) $F'(x) = \cos\left[\int_a^{x^2} \frac{1}{1+\sin^2 t}\,dt\right] \frac{2x}{1+\sin^2 x^2}$.

(d) $F'(z) = z$.

6. (a) $F'(x) = \frac{2x}{1+x^6}$.

(b) $F'(x) = \sqrt{1+x^2} - 2x\sqrt{1+x^4}$.

(c) $F'(x) = \int_a^b \frac{1}{5+t^2+\sin^2 t}\,dt$.

(d) $F'(z) = 2\ln^2 2z - \ln^2 z$.

7. Val 0.

8. (a) $\frac{\sqrt{3}}{3} - 1$.

(b) $-\frac{1}{3}$.

9. $F''(1) = \frac{7}{4}\sqrt{2}$.

10. $F''(1) = -2$.

11. $y' = -\frac{3x^2 \sin x^3}{e^{2y}}$.

12. $y' = \frac{2x\cos x^2}{\ln y}$.

13. $F'(z) = \int_{z^3}^{64} f(t)\,dt - 3z^3 \cdot f(z^3)$.

14. $F'(t) = \int_0^{t^2} f(x)\,dx + 2t^2 \cdot f(t^2)$.

15. $\frac{1}{2}$.

16. $\frac{1}{2}$.

17. La velocitat és 1.

18. (a) $F(x) = \begin{cases} \frac{x^2}{2} & \text{si} \quad 0 \le x < 1 \\ x - \frac{1}{2} & \text{si} \quad 1 \le x < 2 \\ \frac{x^2}{2} - \frac{1}{2} & \text{si} \quad 2 \le x \le 3. \end{cases}$

(b) No és derivable en $x = 2$.

(c) La derivada és $F'(x) = \begin{cases} x & \text{si} \quad 0 \le x < 1 \\ 1 & \text{si} \quad 1 \le x < 2 \\ x & \text{si} \quad 2 \le x \le 3. \end{cases}$

19. $f(x) = \frac{3x^{\frac{3}{2}}}{1+\cos^2 x}$.

20. $f(x) = -\frac{1}{2}\ln(2+\cos x)$.

21. (a) $D = [0,\pi]$.

(b) Atès que F és contínua en l'interval tancat D, podem afirmar que F té extrems absoluts en D. El màxim absolut és 0 i s'assoleix als punts $x = 0$ i $x = \pi$. El mínim és $F(\frac{\pi}{2})$ que, com es pot comprovar fàcilment, és negatiu.

22. $S'(x) = 0$ per a $x = \pm\sqrt{2k}$, $k \geq 0$. Si $x \geq 0$ per a cada k senar S té un màxim relatiu; mentre que per a cada k parell té un mínim relatiu. Si $x \leq 0$ per a cada k senar S té un mínim relatiu i per a cada k parell un màxim relatiu.

23. El mínim absolut és 0 i s'assoleix als punts $x = 0$ i $x = 1$.

El màxim absolut és $\displaystyle\int_0^{\frac{1}{4}} e^{t^2}\,dt$ i s'assoleix al punt $x = \frac{1}{2}$.

24. Té un mínim relatiu a $x = 1$.

25. De fet és un polinomi de grau 2: $P_{3,0}(x) = x^2$.

26. El polinomi és $2 - 3x$.

27. (a) Mínim relatiu en $x = 7/6$. És creixent pels punts $x \in (7/6, +\infty)$. Decreix per $x \in (-\infty, 7/6)$.

(b) Té punts d'inflexió en $x = -1/3$ i en $x = 3/2$. Es còncava cap amunt pels punts $x \in (-1/3, 3/2)$ i còncava cap avall a la resta de punts.

(c) La gràfica és

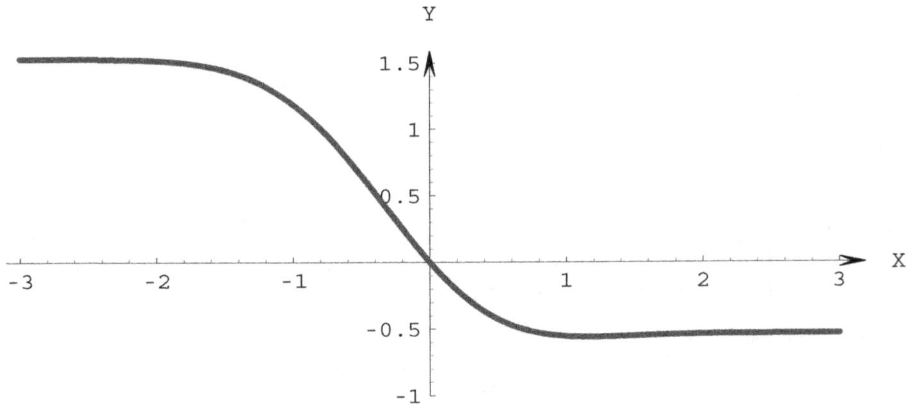

28. (a) $P_{3,0}(x) = \frac{x^2}{2} - \frac{x^3}{3}$.

(b) Sí. Mínim absolut 0. Màxim absolut $\dfrac{1}{e}$.

(c) La gràfica de $g'(x)$ és

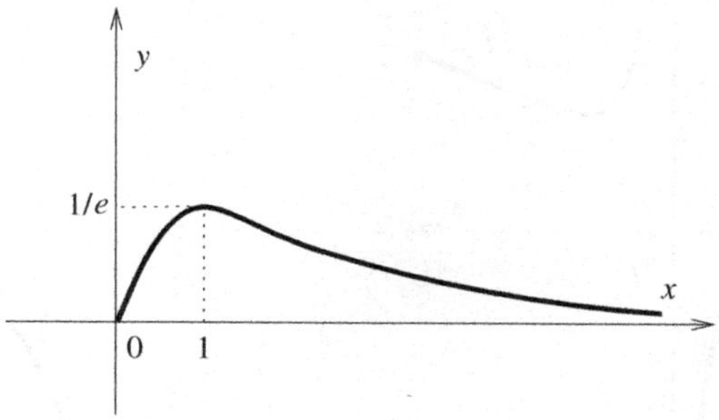

(d) La gràfica de $g(x)$ és

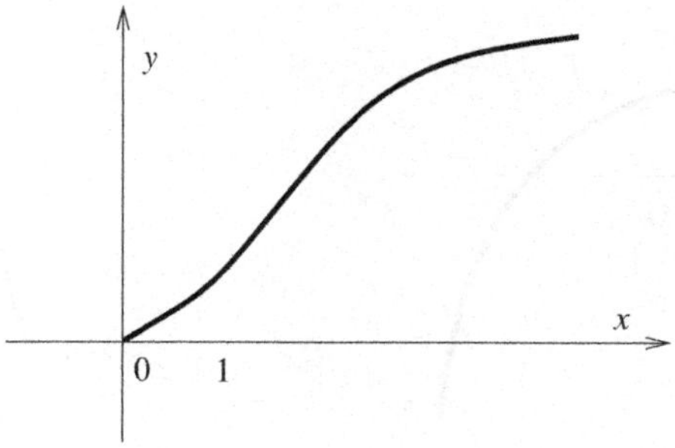

29. Aplicant el teorema *fonamental del càlcul* i infinitèsims s'obté 1.

30. Aplicant el teorema *fonamental del càlcul* i infinitèsims s'obté $\frac{2}{3}$.

31. (a) 1.

(b) $-\frac{1}{6}$.

32. (a) $\lim_{x \to 0} \frac{p(x)}{f(x)} = \frac{0}{0} = ind.$

Apliqueu la regla de *l'Hôpital* per treure la indeterminació i, al mateix temps, utilitzeu el fet que $\sin^2 t \sim t^2$. (Observeu que si apliquem el teorema *fonamental del càlcul* a $f(x)$ podem obtenir $f'(x)$. Finalment el límit és 4.

(b) p té un mínim relatiu en $x = 0$.

33. Aquí hem representat unes possibles solucions. Cal tenir en compte que si $f(x)$ és una solució, aleshores $f(x)+k$ també ho és, per a qualsevol constant $k \in \mathbb{R}$.

(a)

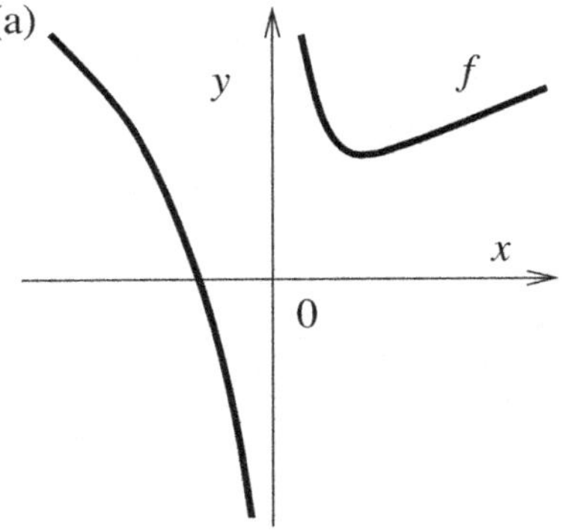

(b)

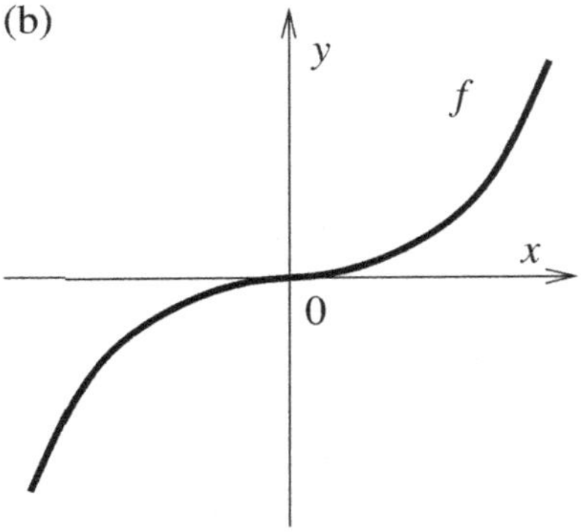

34. Aquí hem representat unes possibles solucions. Cal tenir en compte que si $f(x)$ és una solució, aleshores $f(x)+k$ també ho és, per a qualsevol constant $k \in \mathbb{R}$.

(a)

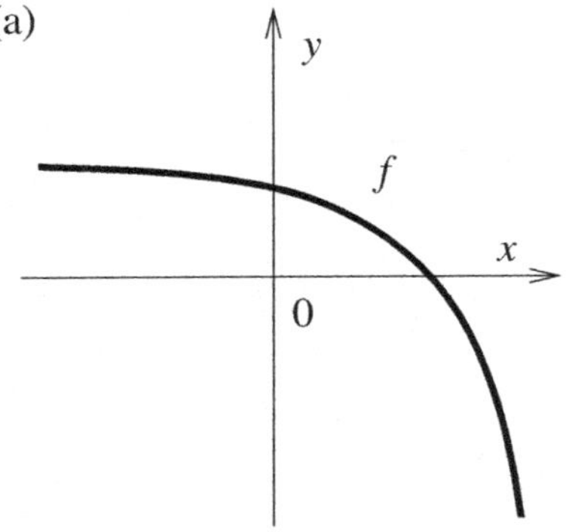

(b)

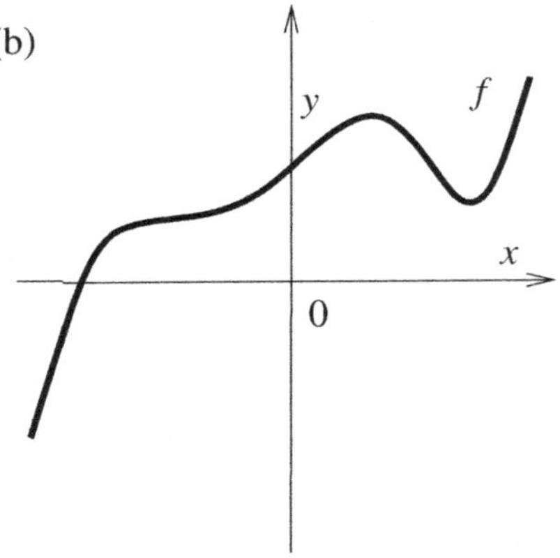

35. (1) $\frac{4}{9}\sqrt[4]{(x^3+2)^3}+C.$

(2) $\frac{3}{4}\sqrt[3]{(x^2+6x)^2}+C.$

(3) $-\frac{1}{6}\sqrt{(1-2x^2)^3}+C.$

(4) $x-\ln(e^x+1)+C.$

(5) $\frac{1}{3}\arcsin x^3+C.$

(6) $\operatorname{arctg} e^x+C.$

(7) $\dfrac{\operatorname{tg}^2 x}{2}+C.$

(8) $\arcsin e^x+C.$

(9) $(\cosh a\cdot\sinh b)x+C.$

(10) $-\sqrt{1-x^2}+C.$

36. (1) $2e^{\sqrt{x}}+C.$

(2) $\frac{1}{3}\operatorname{arctg} x^3+C.$

(3) $\ln|\sin x|+C.$

(4) $\dfrac{(\arcsin x)^3}{3}+C.$

(5) $\ln(1+\sqrt{x})^2+C.$

(6) $\dfrac{1}{\ln 3}3^{\operatorname{tgh} x}+C.$

(7) $\frac{3}{2}\sqrt[3]{(\sin x-\cos x)^2}+C.$

(8) $\sqrt{2}\sin\dfrac{x}{\sqrt{2}}+C.$

(9) $\dfrac{2[\ln|\sin x|]^{\frac{3}{2}}}{3}+C.$

(10) $\frac{1}{3}\sqrt{(x+1)^3}-\frac{1}{3}\sqrt{(x-1)^3}+C.$

37. (1) $\frac{2}{9}\sqrt{(3t-5)^3}+C.$

(2) $\frac{1}{3}\operatorname{arg\,tgh} x^3+C.$

(3) $\frac{1}{2}\sinh^2 x+C.$

(4) $\frac{6}{5}\sqrt{x^5}+2x^2+\frac{2}{3}\sqrt{x^3}+C.$

(5) $\operatorname{arctg}(\sin x)+C.$

(6) $2\sin\sqrt{x}+C.$

(7) $\dfrac{-1}{3e^{3x+1}}+C.$

(8) $u^3+5\ln|u|+\dfrac{2}{3u^3}+C.$

(9) $\frac{1}{4}\ln^2\left|\dfrac{1+x}{1-x}\right|+C.$

(10) $\frac{\sqrt{6}}{6}\operatorname{arctg}\left(\frac{x+4}{\sqrt{6}}\right)+C.$

38. (1) $e^{\operatorname{arctg} x}+C.$

(2) $-\frac{1}{18}\ln|1-9t^2|+C.$

(3) $2\operatorname{arctg}\sqrt{x}+C.$

(4) $\operatorname{tg} x-x+C.$

(5) $\frac{2}{3}\sqrt{\operatorname{tg}^3 x}+C.$

(6) $\frac{1}{2}\arcsin\left(\frac{\sin^2 x}{\sqrt{2}}\right)+C.$

(7) $\dfrac{-2}{5^x \ln 5} + \dfrac{1}{2^x 5 \ln 2} + C.$

(8) $\dfrac{3}{\sqrt[3]{u}} - \frac{9}{2}\sqrt[3]{u^2} + \frac{9}{5}\sqrt[3]{u^5} - 3\sqrt[3]{u^8} + C.$

(9) $a \ln|\sin \dfrac{x}{a}| + C.$

(10) $\dfrac{2}{3\ln a}(a^{\frac{3x}{2}} + 3a^{-\frac{x}{2}}) + C.$

39. (1) $\frac{1}{9}\ln\cosh(x^3+1) + C.$

(2) $\frac{1}{2}\cos^3 2 \sin 3 \ln|\sin 2x| + C.$

(3) $\arcsin x + C.$

(4) $\ln|1+2\sqrt{x}| + C.$

(5) $2\mathrm{arctg}\, e^x + C.$

(6) $\frac{2}{3}\sin^3\sqrt{x} + C.$

(7) $\frac{1}{2}\arcsin\dfrac{x^2}{\sqrt{3}} + C.$

(8) $\frac{1}{4}\ln^2(x^2+1) + C.$

40. (1) $-\frac{1}{3}\cos^3 x + C.$

(2) $\dfrac{1}{\cos x} + C.$

(3) $-\mathrm{cotg}\, x - x + C.$

(4) $-e^{\pi}\mathrm{arctg}\,(e^{\cos x}) + C.$

(5) $\mathrm{arg\,tgh}\,(\mathrm{tg} x) + C.$

(6) $\frac{\sqrt{2}}{2}\arcsin\left(\sqrt{\frac{2}{3}}\sin x\right) + C.$

(7) $\frac{3}{2\sqrt{5}}\mathrm{arctg}\,\frac{x^2}{\sqrt{5}} + C.$

(8) $-\frac{1}{4}e^{-\sin^2 x} + C.$

41. (1) $\arcsin\frac{x+1}{\sqrt{2}} + C.$

(2) $-\sqrt{5+x-x^2} + \frac{1}{2}\arcsin\left(\frac{2x-1}{\sqrt{21}}\right).$

(3) $\frac{\sqrt{8}}{8}\arcsin\left(\frac{4x^2+3}{\sqrt{17}}\right) + C.$

(4) $\frac{1}{2}\mathrm{arg\,sinh}\,\dfrac{x^2}{\sqrt{2}} + C.$

(5) $\frac{1}{\sqrt{2}}\mathrm{arctg}\,\frac{x+1}{\sqrt{2}} + C.$

(6) $\frac{1}{2}\arcsin(2x+3) + C.$

42. (1) $\frac{\sqrt{2}}{2}\operatorname{arg\,sinh}\left(\frac{4x-1}{\sqrt{15}}\right)+C.$

(2) $-\sqrt{1-3x-3x^2}+\frac{5}{2\sqrt{3}}\arcsin\left[\sqrt{\frac{3}{7}}(2x+1)\right]+C.$

(3) $\arcsin(2x-1)+C.$

(4) $\frac{1}{3}\operatorname{arg\,sinh}\frac{x^3}{2}+C.$

(5) $\frac{1}{2}\operatorname{arctg}\frac{x-1}{2}+C.$

(6) $\arcsin(x-2)+C.$

43. (1) $e^x(x-1)+C.$

(2) $x\ln x-x+C.$

(3) $x\cosh x-\sinh x+C.$

(4) $\frac{x^{n+1}}{n+1}\left(\ln x-\frac{1}{n+1}\right)+C.$

(5) $(3x^2+2x-13)\sin x+(6x+2)\cos x+C.$

(6) $\frac{x^2}{2}\ln\frac{1-x}{1+x}-x+\operatorname{arg\,tgh}x+C.$

(7) $\frac{x^3}{10}(3\sin\ln x-\cos\ln x)+C.$

(8) $x\operatorname{arctg}x-\frac{1}{2}(\operatorname{arctg}x)^2-\frac{1}{2}\ln(1+x^2)+C.$

44. (1) $x\sin x+\cos x+C.$

(2) $\frac{2}{3}x^{\frac{3}{2}}(\ln^2 x-\frac{4}{3}\ln x+\frac{8}{9})+C.$

(3) $x\operatorname{arctg}x-\frac{1}{2}\ln(1+x^2)+C.$

(4) $2\sqrt{x}\ln x-4\sqrt{x}+C.$

(5) $x\arccos\frac{1}{x}-\operatorname{arg\,cosh}x+C.$

(6) $\frac{1}{2}(x^2+1)\operatorname{arctg}x-\frac{x}{2}+C.$

(7) $\frac{x}{2}[\sin(\ln x)-\cos(\ln x)]+C.$

(8) $x\operatorname{tg}x+\ln|\cos x|+C.$

45. (1) $\frac{5\sqrt{3}}{3}\operatorname{arctg}\frac{\sqrt{3}}{6}(2x-4)+C.$

(2) $\frac{2}{\sqrt{7}}\operatorname{arctg}\left(\frac{2x-1}{\sqrt{7}}\right)+C.$

(3) $-\frac{\sqrt{2}}{4}\operatorname{arg\,tgh}\left(\frac{x^2-1}{\sqrt{2}}\right)+C.$

(4) $\frac{3}{4}\ln(2x^2-x+5)+\frac{11}{2\sqrt{39}}\operatorname{arctg}\left(\frac{4x-1}{\sqrt{39}}\right)+C.$

(5) $x-2\operatorname{arctg}x+C.$

(6) $\frac{1}{2}\operatorname{arctg}\frac{x-1}{2}+C.$

46. (1) $\sqrt{2}\operatorname{arctg}\frac{x+1}{\sqrt{2}}+C.$

(2) $\frac{2}{\sqrt{3}}\operatorname{arctg}\frac{2x+1}{\sqrt{3}}+C.$

(3) $-\frac{1}{\sqrt{17}}\operatorname{arg\,tgh}\frac{2x^2+5}{\sqrt{17}}+C.$

(4) $\frac{1}{2}\ln(x^2+x+1)+\frac{1}{\sqrt{3}}\operatorname{arctg}\left(\frac{2x+1}{\sqrt{3}}\right)+C.$

(5) $\frac{x^3}{3}-x+\operatorname{arctg}x+C.$

(6) $\frac{1}{4}\operatorname{arctg}\frac{2x+1}{2}+C.$

47. (1) $5x+\frac{1}{2}\ln|x|+\frac{161}{6}\ln|x-4|-\frac{7}{3}\ln|x-1|+C.$

(2) $\ln\left|\frac{x}{x+1}\right|+\frac{1}{x+1}+C.$

(3) $\frac{1}{3}\ln|x-1|-\frac{1}{6}\ln(x^2+x+1)-\frac{1}{\sqrt{3}}\operatorname{arctg}\left(\frac{2x+1}{\sqrt{3}}\right)+C.$

(4) $2\ln|x+1|-\frac{1}{x+1}+\operatorname{arctg}x+C.$

(5) $\frac{(x+1)^2}{2}+\ln\frac{|x-1|}{\sqrt{x^2+1}}-\operatorname{arctg}x+C.$

(6) $\frac{x^2}{2}-2x-\frac{2}{x}+2\ln(x^2+2x+2)-2\operatorname{arctg}(x+1)+C.$

48. (1) $\frac{x^3}{3}+10x+\frac{91}{6}\ln\left|\frac{x-3}{x+3}\right|+C.$

(2) $\frac{3}{2}\ln|x-3|-\frac{9}{2}\frac{1}{x-3}+C.$

(3) $\frac{1}{4}\ln\left|\frac{x-1}{x+1}\right|-\frac{1}{2}\operatorname{arctg}x+x+C.$

(4) $\frac{x^2}{2}+4x+\frac{16}{49}\ln|x-2|-\frac{3}{7(x-2)}-\frac{8}{49}\ln(x^2+3)-\frac{4}{49\sqrt{3}}\operatorname{arctg}\frac{x}{\sqrt{3}}+C.$

(5) $\frac{1}{4}\ln\left|\frac{1+x}{1-x}\right|-\frac{1}{2}\operatorname{arctg}x+C.$

(6) $\frac{1}{2}\ln|x+1|-\frac{1}{4}\ln(x^2+1)-\frac{1}{2(x+1)}+C.$

49. (1) $\frac{1}{3}\sin^3x-\frac{1}{5}\sin^5x+C.$

(2) $\frac{3}{8}x+\frac{1}{4}\sin 2x+\frac{1}{32}\sin 4x.$

(3) $-\operatorname{arctg}(\cos x).$

(4) $\frac{x}{2}+\frac{\sinh 2x}{4}+C.$

(5) $\frac{1}{3}\operatorname{tg}^3x+C.$

(6) $\frac{x}{2}-\frac{\sin 6x}{12}+C.$

(7) $x-\operatorname{tgh}x+C.$

(8) $\frac{1}{4}\sinh 4x+C.$

(9) $\frac{1}{3}\cosh^3t-\cosh t+C.$

(10) $-t+C.$

50. (1) $\frac{1}{5}\cosh^5x-\frac{1}{3}\cosh^3x+C.$

(2) $-\cos u+\frac{\cos^3 u}{3}+C.$

(3) $-\frac{\cos^3 x}{3}+\frac{2}{5}\cos^5 x-\frac{\cos^7 x}{7}+C.$

(4) $\frac{1}{4}\sinh 2x-\frac{x}{2}+C$

(5) $-\frac{1}{3\sin^3 x}+\frac{1}{\sin x}+C.$

(6) $\frac{x}{2}+\frac{1}{8}\sin 4x+C.$

(7) $t+C.$

(8) $\sinh x+\frac{1}{3}\sinh^3 x+C.$

(9) $\frac{1}{6}\sinh 6x+C.$

(10) $x-\operatorname{cotgh} x+C.$

51. (1) $2[\sqrt{x+1}-\ln(1+\sqrt{x+1})]+C.$

(2) $\dfrac{2\sqrt{x-1}}{35}(5x^3+6x^2+8x+16)+C.$

(3) $2(\sqrt{x}-\operatorname{arctg}\sqrt{x})+C.$

(4) $-\frac{1}{3}(1-u^2)^{\frac{3}{2}}+C.$

(5) $\frac{x}{2}\sqrt{1-x^2}+\frac{1}{2}\arcsin x+C.$

(6) $\frac{t}{2}\sqrt{t^2-9}-\frac{9}{2}\ln\left(t+\sqrt{t^2-9}\right)+C.$

(7) $\frac{x}{2}\sqrt{x^2+81}+\frac{81}{2}\operatorname{arg\,sinh}\frac{x}{9}+C.$

(8) $\frac{1}{2}(x-1)\sqrt{x^2-2x-3}-2\operatorname{arg\,cosh}\frac{x-1}{2}+C.$

(9) $-2\arccos\frac{x-2}{2}+(x-2)\sqrt{-x^2+4x}+C.$

(10) $\frac{1}{2}\left[(x-1)\sqrt{x^2-2x+2}-\operatorname{arg\,sinh}(1-x)\right]+C.$

52. (1) $2[\sqrt{x}-\ln(1+\sqrt{x})]+C.$

(2) $\ln\dfrac{\sqrt{1+e^x}-1}{\sqrt{1+e^x}+1}+C.$

(3) $\frac{3}{2}(x+1)^{\frac{2}{3}}-3(x+1)^{\frac{1}{3}}+3\ln|1+\sqrt[3]{x+1}|+C.$

(4) $\frac{2}{9}(1+t^3)^{\frac{3}{2}}+C$

(5) $\frac{u}{2}\sqrt{1-u^2}+\frac{1}{2}\arcsin u+C.$

(6) $\frac{x}{2}\sqrt{x^2-4}-2\ln(x+\sqrt{x^2-4})+C.$

(7) $\frac{t}{2}\sqrt{25+t^2}+\frac{25}{2}\operatorname{arg\,sinh}\frac{t}{5}+C.$

(8) $\frac{1}{2}(x+1)\sqrt{x^2+2x-8}-\frac{9}{2}\operatorname{arg\,cosh}\frac{x+1}{3}+C.$

(9) $-\frac{9}{2}\arccos\frac{x-3}{3}+\frac{1}{2}(x-3)\sqrt{-x^2+6x}+C.$

(10) $\frac{1}{2}\left[(x-1)\sqrt{x^2-2x+4}+3\operatorname{arg\,sinh}\frac{x-1}{\sqrt{3}}\right]+C.$

53. (1) Convergent. I$= 2\sqrt{2}$.
(2) Convergent. I$= \dfrac{5}{4}(2\sqrt[5]{2}-1)$.
(3) Divergent.
(4) Convergent. I$= 1/[4(a^2+1)^2]$.
(5) Convergent. I$= 2$.
(6) Convergent. I$= 1/2$.

54. (1) Convergent. I$=1/2$.
(2) Convergent. I$= \pi/2$.
(3) Divergent.
(4) Convergent. I$= \pi/2$.
(5) Convergent. I$= \frac{\pi}{2}$.
(6) Convergent. I$= \frac{1}{3}\ln 4$.

55. És divergent per a $\alpha \leq 1$ i convergent per a $\alpha > 1$.

56. $I = \frac{1}{(\beta-1)(\ln 2)^{\beta-1}}$, si $\beta > 1$; divergeix si $\beta \leq 1$.

57. 1/3.

58. $2\sqrt{3} - 2\pi/3$.

59. 1/3.

60. 64/3.

61. $4a^3/3$.

62. $\frac{4096}{105}$.

63. 9.

64. $\frac{64}{3}$.

65. $3\pi a^2/2$.

66. La gràfica del cargol és

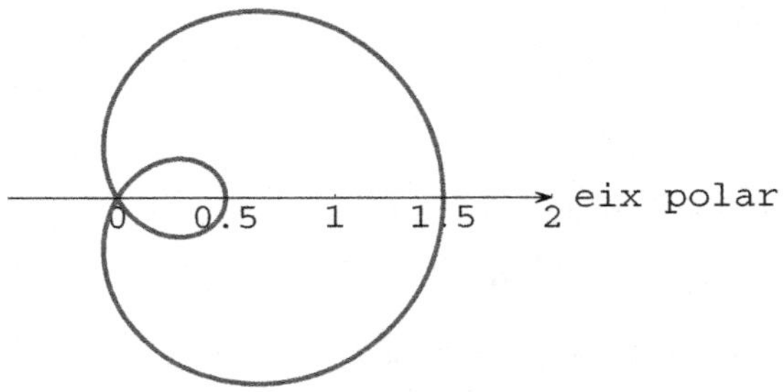

$A = \frac{\pi+3\sqrt{3}}{4}$.

67. a^2. Indicació: passeu a coordenades polars.

68. $\frac{\pi}{6} + \frac{2-\sqrt{3}}{2}$. Indicació: passeu a coordenades polars.

69. $5\pi/4$.

70. La gràfica és

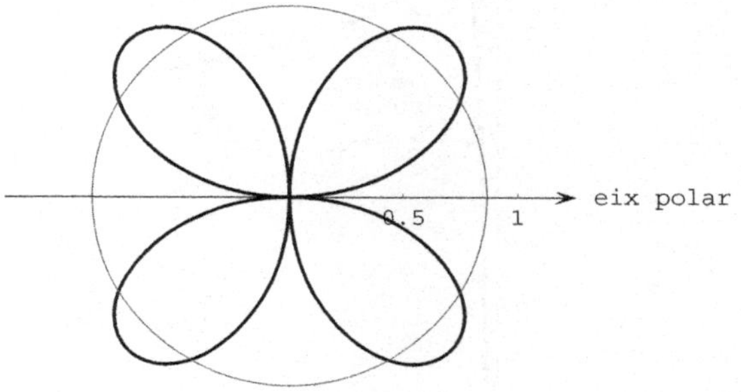

L'àrea de la regió comuna limitada per les dues corbes en el primer quadrant val $(7\pi - 3\sqrt{3})/48$.

71. $4a^2$.

72. $1 - \frac{\pi}{4}$.

73. $A = \left| \lim_{b \to -1^+} \int_b^0 x^2 \ln(1+x)\, dx \right| = \cdots = \frac{11}{18}$. Indicació: pel càlcul del límit cal aplicar la regla de L'Hôpital.

74. 2.

75. πa^2.

76. 4.

77. $1/\pi$.

78. $1/\pi$.

79. $\pi a^3/12$.

80. $\pi^2 a^3/2$.

81. $V_{OX} = \frac{4}{3}\pi b^2 a$ i $V_{OY} = \frac{4}{3}\pi b a^2$. Clarament $V_{OX} \leq V_{OY}$.

82. $a = 5/2$.

83. $4\pi^2$.

84. $32\pi^2$.
85. $\pi - \pi/e^2$.
86. π.
87. (a) El dibuix és

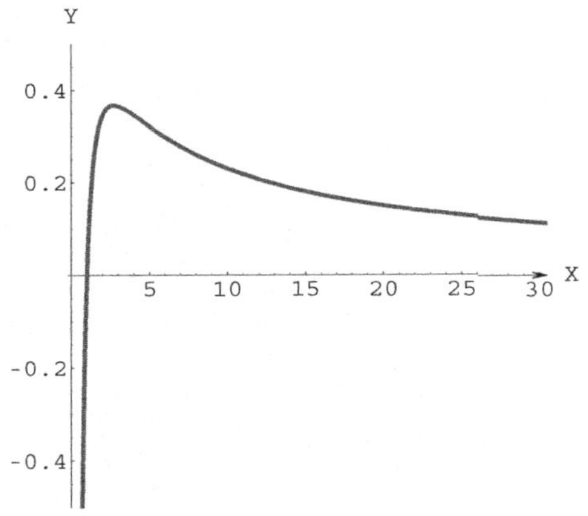

(b) L'àrea és infinita.

(c) El volum és 2π.

88. (a)

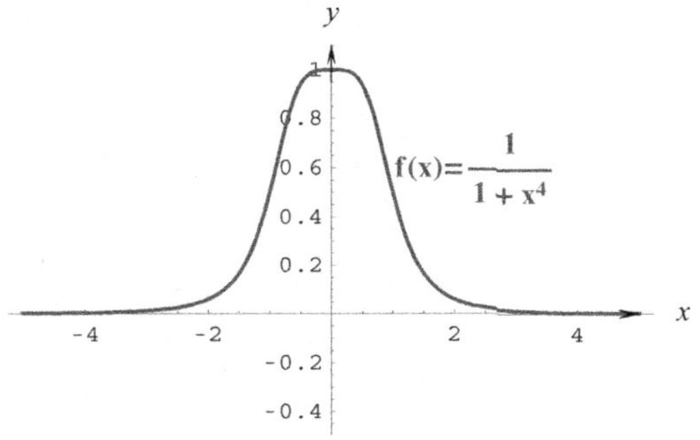

(b) $\frac{\pi}{2\sqrt{2}}$.

(c) $\pi^2/2$.

89. (a) La gràfica és

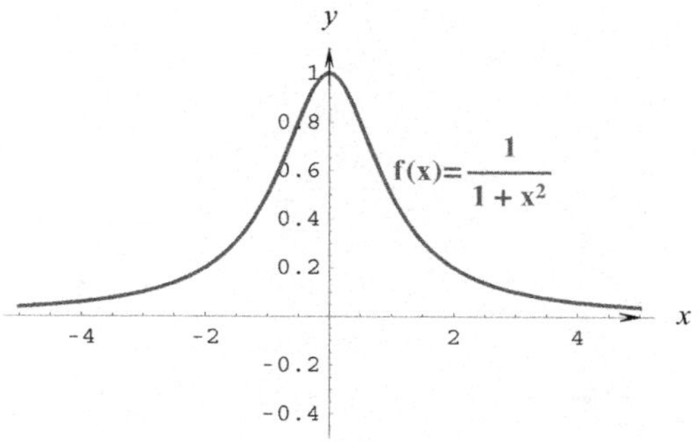

(b) $\frac{\pi}{2}$.

(c) $\pi \ln 2$.

90. (a) La gràfica és

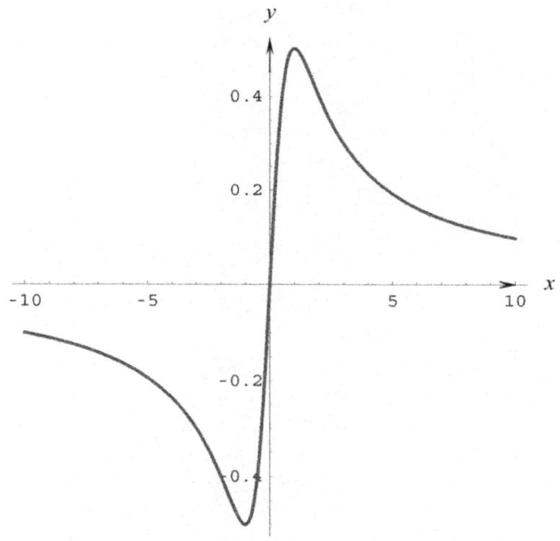

(b) $\ln 2$.

(c) $4\pi - \pi^2$.

91. (a) $(8\pi + 12\sqrt{3})/3$.

(b) $112\pi/3$.

92. (a) $A = 4\sqrt{3} + \frac{8\pi}{3}$. (Indicació: passeu a coordenades polars.)

(b) $V = \frac{112\pi}{3}$.

93. $f(a) = \sqrt{\frac{2a+1}{\pi}}$.

94. $f(a) = \frac{a+1}{\pi a}$

95. (a) $A = \frac{3\sqrt{3}}{4} + \frac{\pi}{3}$.

(b) $V = \frac{37\pi}{48}$.

96. (a) $\frac{1}{3}$.

(b) $\frac{\pi}{3}$.

97. $96\sqrt{3}$.

98. 8.

99. 50π.

100. $7\sqrt{6}\pi$.

101. (a)

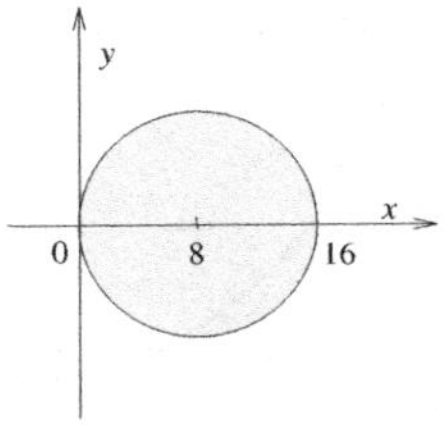

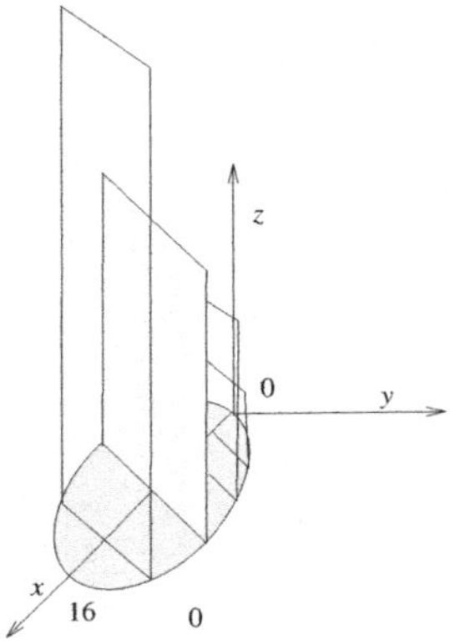

(b) 1024π.

102. (a)

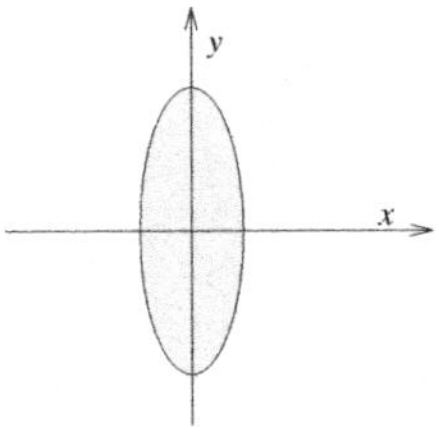

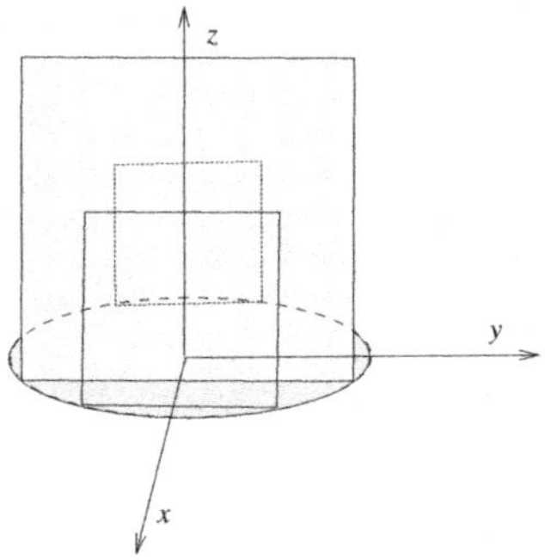

(b) $\frac{64\sqrt{2}}{3}$.

103. (a) $\frac{9}{64}$ i $\frac{37}{64}$.

(b) $\frac{17}{16}$ i $\frac{25}{16}$.

(c) $\frac{1}{2}$ i $\frac{3}{2}$.

(d) $\frac{3}{16}$ i $\frac{45}{32}$.

104. Indicació: preneu en ambdós casos

$$P=\left\{0,\frac{1}{n},\ldots,\frac{n}{n}\right\}.$$

Per al segon apartat, recordeu que

$$1^3+2^3+3^3+\cdots+n^3=\left(\frac{n(n+1)}{2}\right)^2.$$

105. La integral val 0.

106. $f(x)=\begin{cases}-1 & \text{si} \quad x\in\mathbb{Q}\\ 1 & \text{si} \quad x\notin\mathbb{Q}\end{cases} \qquad x\in[0,1].$

107.
(a) Sí.
(b) No.
(c) Sí (apliqueu el teorema del valor mitjà de la integral).
(d) No (suposeu, per exemple, valors negatius).
(e) No (suposeu g negativa però tal que $|g|>f$).

108. Apliqueu el teorema del valor mitjà per a integrals.

109.
(a) $1/3$.
(b) $e-1$.
(c) $\ln(1+\sqrt{2})$.
(d) $\ln 2$.

110.
(1) $I_n=-x^ne^{-x}+nI_{n-1}$.
(2) $I_n=\dfrac{-e^{ax}}{(n-1)x^{n-1}}+\dfrac{a}{n-1}I_{n-1}$.
(3) $I_n=x\ln^n x-nI_{n-1}$.
(4) $I_n=-\dfrac{1}{n}\sin^{n-1}x\cos x+\dfrac{n-1}{n}I_{n-2}$.
(5) $I_n=\dfrac{1}{n}\cosh^{n-1}x\sinh x+\dfrac{n-1}{n}I_{n-2}$.
(6) $I_n=-\dfrac{1}{n-1}\operatorname{cotg}^{n-1}x-I_{n-2}$.
(7) $I_n=-\dfrac{1}{n}x^{n-1}\sqrt{a^2-x^2}+\dfrac{n-1}{n}a^2I_{n-2}$.

(8) $I_n = \dfrac{1}{2n+1}x(a^2+x^2)^n + \dfrac{2na^2}{2n+1}I_{n-1}$.

(9) $I_n = -x^n\cos x + nx^{n-1}\sin x - n(n-1)I_{n-2}$.

(10) $I_n = \dfrac{1}{1+n^2}e^x\cos^{n-1}x(\cos x + n\sin x) + \dfrac{n(n-1)}{n^2+1}I_{n-2}$.

(11) $I_n = \dfrac{1}{1-n}\dfrac{\cosh x}{\sinh^{n-1}x} + \dfrac{n-2}{1-n}I_{n-2}$.

(12) $I_n = x(\arcsin x)^n + n\sqrt{1-x^2}(\arcsin x)^{n-1} - n(n-1)I_{n-2}$.

(13) Reducció de m: $I_{m,n} = \dfrac{-1}{m+n}\sin^{m-1}x\cos^{n+1}x + \dfrac{m-1}{m+n}I_{m-2,n}$.
Reducció de n: $I_{m,n} = \dfrac{1}{m+n}\cos^{n-1}x\sin^{m+1}x + \dfrac{n-1}{m+n}I_{m,n-2}$.

(14) Reducció de m: $I_{m,n} = \dfrac{1}{m-1}\dfrac{\sin^{n+1}x}{\cos^{m-1}x} + \dfrac{m-n-2}{m-1}I_{m-2,n}$.
Reducció de n: $I_{m,n} = \dfrac{1}{m-n}\dfrac{\sin^{n-1}x}{\cos^{m-1}x} - \dfrac{n-1}{m-n}I_{m,n-2}$.

111. (a) És convergent; compareu amb $\dfrac{e}{\sqrt{1-x}}$.

(b) És divergent; compareu amb $\dfrac{1}{x}$.

(c) És divergent; compareu amb $\dfrac{x^2}{1-x}$.

(d) És convergent; compareu amb $\dfrac{1}{\sqrt{1-x}}$.

112. πab.

113. $\dfrac{3\pi a^2}{8}$.

114. $3\pi a^2$.

115. $6\pi a^2$.

116. $\dfrac{256}{15}ab$.

117. (a) $A_k = e^{-k\pi}\frac{1+e^{\pi}}{2}$.

(b) Aquestes àrees formen una progressió geomètrica de raó $e^{-\pi}$.

(c) $\dfrac{e^{\pi}+1}{2(e^{\pi}-1)}$.

118. La gràfica ve donada per:

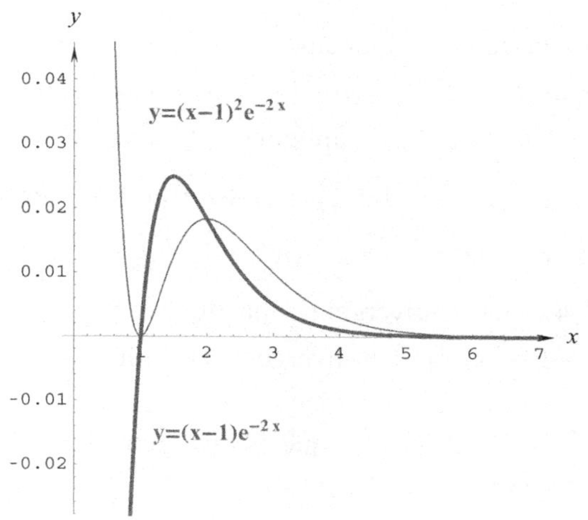

L'àrea és: $\dfrac{e^4+2}{2e^4}$.

119. $5\pi^2 a^3$.

6.5 Inducció matemàtica, successions i sèries de nombres reals

1. Indicació per a l'apartat (c): recordeu la fórmula de l'apartat (a).

5. Sigui $S_n = 1+r+r^2+\cdots+r^n$. Multiplicant per r tenim: $r\cdot S_n = r+r^2+r^3+\cdots+r^{n+1}$. Restant ara aquestes dues igualtats, membre a membre, i traient factor comú, obtenim $(1-r)\cdot S_n = 1-r^{n+1}$. I, per tant, $S_n = \frac{1-r^{n+1}}{1-r}$.

6. $S_n = a\frac{1-r^n}{1-r}$.

7. Noteu que si no es comprova per a $n = 1,2,3...$, aleshores sembla que efectivament aquest nombre és múltiple de 3. És a dir, falla la primera de les dues hipòtesis de la inducció. Per tant, l'expressió anterior no és, en general, múltiple de 3.

8. No: falla la igualtat per a $n = 1$.

9. Indicació: quan teniu $(n+1)^3+(n+2)^3+(n+3)^3$, desenvolupeu només l'últim sumand.

10. Indicació: a la igualtat que voleu provar sumeu i resteu $4\cdot 3^{2n}$.

11. Si n és el nombre de costats, la suma dels angles val $(n-2)\pi$ radiants. Per a la demostració, tingueu en compte que afegir un costat a un polígon és equivalent a introduir–hi un triangle.

12. $1+3+5+\cdots+(2n-1) = n^2$.

13. (a) És falsa, per exemple, per a $n = 5$.
(b) És certa. Comproveu-la per inducció.

14. (a) Indicació: no ho feu per inducció.
(b) Descomponeu $(a+b)^{n+1} = (a+b)^n (a+b)$ i apliqueu la hipòtesi d'inducció.
(c) $2^n = (1+1)^n$ i $0 = (1-1)^n$ i apliqueu el binomi de *Newton*.

15. Indicació: $(1+h)^{n+1} = (1+h)^n(1+h) \geq (1+hn)(1+h)$, per hipòtesi d'inducció.

16. Indicació: $2^{n+1} \leq 2\cdot(n+1)! \leq (n+2)\cdot(n+1)!$.

17. (a) Una: $1,2,3,4...$ que és divergent. Una altra: $\frac{1}{2},\frac{2}{3},\frac{3}{4},...$ que és convergent amb límit 1.
(b) Una: $0,-1,-2,-3...$ que és divergent. Una altra: $\frac{1}{2},\frac{1}{3},\frac{1}{4}...$ que és convergent amb límit 0.
(c) Una: $1,0,2,-1,3,-2,4,-3...$ que és divergent. Una altra: $1,-\frac{1}{2},\frac{1}{3},-\frac{1}{4},\frac{1}{5},-\frac{1}{6}...$ que és convergent amb límit 0.

18. Les successions $a_n = (-1)^n$ i $b_n = (-1)^{n+1}$ serveixen per als tres apartats.

19. $a_n = (-1)^n$.

20. Res. Ni tan sols podem dir que (a_n) té límit; per exemple, la successió $a_n = (-1)^n$. És clar, però, que si (a_n) té límit, aquest també serà en valor absolut més petit o igual que 1.

21. Sí: $a_n = \frac{(-1)^n}{n}$ té infinits termes positius, infinits termes negatius i té límit zero.

22. Ha de ser constant (a partir d'un cert lloc). Sigui (a_n) una successió de nombres enters convergent: $l = \lim\limits_{n\to\infty} a_n$. Donat $\varepsilon = \frac{1}{2}$, existeix $n_0 \in \mathbf{N}$ tal que $\forall n \geq n_0, a_n \in (l-\frac{1}{2}, l+\frac{1}{2})$. Aquest interval té longitud 1, i per tant, hi ha com a màxim un enter dins.

23. No; siguin, per exemple, x_n la successió 0,1,0,1,0,1,0,1,... i $y_n = \frac{n+1}{n}$.

24. Indicació: com que (a_n) és creixent, es compleix: $\sqrt[n]{a_n^n} \leq \sqrt[n]{a_1^n + a_2^n + \cdots + a_n^n} \leq \sqrt[n]{n a_n^n}$.

25. $x_n = \frac{(2^{n-2}-1)a+b}{2^{n-2}}$. $\lim\limits_{n\to\infty} x_n = a$.

26. (a) És decreixent. Una fita superior: 1. Una fita inferior: 0. $\lim\limits_{n\to\infty} x_n = \frac{5}{6}$.
(b) S'han de distingir tres casos:
Primer: $a > 1$. És creixent. Una fita superior: a. Una fita inferior: $\sqrt{a}$. $\lim\limits_{n\to\infty} x_n = a$.
Segon: $0 < a < 1$. És decreixent. Una fita superior: $\sqrt{a}$. Una fita inferior: a. $\lim\limits_{n\to\infty} x_n = a$.
Tercer: $a = 1$, la successió és constant.
(c) És decreixent. Una fita superior: 2. Una fita inferior: 1. $\lim\limits_{n\to\infty} x_n = 1$.
(d) És creixent. Una fita superior: 2. Una fita inferior: 1. $\lim\limits_{n\to\infty} x_n = \sqrt{3}$.

27. $\lim\limits_{n\to\infty} x_n = 0$. Per provar l'últim apartat, multipliqueu i dividiu per $1+\sqrt{1-x_n}$.

28. (a) Indicació: raoneu per inducció.

(b) Una fita pot ser $\frac{1+\sqrt{1+4k}}{2}$.

(c) $\lim_{n\to\infty} a_n = \frac{1+\sqrt{1+4k}}{2}$.

29. (a) 0.

(b) 0.

(c) ∞.

30. (a) 0.

(b) 0.

(c) ∞.

31. (a) 0.

(b) 4.

(c) ∞.

32. (a) 0.

(b) $\frac{3}{4}$.

(c) ∞.

33. $\sqrt{2}$.

34. $\sqrt{3}$.

35. (a) 3.

(b) 0.

36. (a) 1/5.

(b) 0.

37. Indicació: penseu en la successió $\left(1+\frac{1}{n}\right)^n$.

38. Indicació: sumeu i resteu 1 a b_n.

39. (a) e^{-8}.

(b) ∞.

40. (a) e^3.

(b) e^{-8}.

41. $k=4$.

42. $a=b-5$.

43. (a) e^{-3}.

(b) 1.

(c) 1.

(d) $e^{\frac{b-1}{a}}$.

44. (a) $\max\{a,b\}$.

(b) $+\infty$.

(c) $-a/2$.

(d) 0.

(e) 0.

45. (a) $e-1$.

(b) $1/k!$.

(c) 1.

46. (a) 1.

(b) $+\infty$.

(c) e^{-1}.

(d) $e^{-\pi}$.

47. e^{-1}.

48. e^{-1}.

49. (a) $\frac{1}{4}+\frac{1}{7}+\frac{1}{10}+\frac{1}{13}+\frac{1}{16}+\cdots$. No és convergent.

(b) $2+4+8+16+32+\cdots$. No és convergent.

51. La sèrie és sempre divergent, sigui quina sigui la progressió aritmètica (suposem que el primer terme i la diferència no són ambdós nuls). Noteu que el terme general de la sèrie no tendeix cap a zero.

52. És convergent si, i només si, $|r|<1$.

53. Indicació: calculeu les sumes parcials de la sèrie $\sum_{n=1}^{\infty} a_n$ i trobeu-ne el límit quan $n\to\infty$.

54. $\sum_{n=1}^{\infty}\ln\left(\frac{n}{n+1}\right)=\sum_{n=1}^{\infty}\left(\ln n-\ln(n+1)\right)$; és, doncs, divergent ja que $\lim_{n\to\infty}\ln n=+\infty$.

Indicació: $\sum_{n=1}^{\infty}\frac{-2}{4n^2+8n+3}=\sum_{n=1}^{\infty}\left(\frac{1}{2n+3}-\frac{1}{2n+1}\right)$.

55. Indicació: descomponeu el terme general en suma de fraccions simples.

56. Indicació: multipliqueu i dividiu pel conjugat del denominador.

57. (a) Convergent: $\frac{\cos(3n^2+2n-5)}{3^n}\leq\frac{1}{3^n}$.

(b) Divergent: $\ln(n+1) \leq n+1$.

58. (a) Divergent.

(b) Convergent.

(c) Divergent.

59. (a) Divergent.

(b) Convergent.

(c) Divergent.

60. (a) Si $\beta = 0$, la sèrie és divergent. També és divergent quan $\alpha \cdot \beta > 0$. És convergent si $\alpha \cdot \beta < 0$.

(b) És convergent: té el mateix caràcter que $\sum_{n=1}^{\infty} \frac{1}{\sqrt{n^3}}$.

61. (1) Convergent.

(2) Divergent.

(3) Convergent.

(4) Convergent.

(5) Divergent.

(6) Divergent.

(7) Divergent.

(8) Convergent.

(9) Divergent.

(10) Divergent.

62. (1) Divergent.

(2) Convergent.

(3) Divergent.

(4) Divergent.

(5) Convergent.

(6) Convergent per a $|x| < e$; divergent en un altre cas.

(7) Divergent.

(8) Divergent.

(9) Convergent.

(10) Convergent.

(11) Convergent.

(12) Convergent.

63. Indicacions:

(a) $a_n^2 < |a_n| \quad \forall n \geq n_0$.

(b) $|1 + a_n| \geq \frac{1}{2} \quad \forall n \geq n_0$.

(c) $\frac{a_n^2}{1+a_n^2} \leq a_n^2$.

64. Ambdues són convergents (apliqueu el criteri d'*Abel*), però no absolutament convergents (compareu-les amb l'harmònica).

65.
(1) Absolutament convergent.
(2) Absolutament convergent.
(3) Divergent.
(4) Condicionalment convergent.
(5) Condicionalment convergent.
(6) Absolutament convergent.
(7) Divergent.
(8) Absolutament convergent.
(9) Condicionalment convergent.
(10) Absolutament convergent.

66.
(1) Condicionalment convergent.
(2) Absolutament convergent.
(3) Absolutament convergent.
(4) Absolutament convergent.
(5) Absolutament convergent.
(6) Condicionalment convergent.
(7) Absolutament convergent.
(8) Absolutament convergent.

67. Absolutament convergent.

68. És absolutament convergent.

69. 42 metres.

70. Si d és la distància que recorre el primer dia, podria fer $2d$.

71. 54000 euros.

72.
(a) L'any 2009.

(b) 360000 euros.

73. Indicació: descomponeu el terme general de la sèrie en fraccions simples. La suma val 1/4.

74. La suma val 1/2.

75. $x = 1/2$.

76. Absolutament convergent. $S = e^a(1+a+a^2)$.

77.
(1) Absolutament convergent; $S = 2$.
(2) Absolutament convergent; $S = 11/4$.
(3) Absolutament convergent; $S = 23/15$.
(4) Divergent.
(5) Absolutament convergent; $S = 3/4$.
(6) Absolutament convergent; $S = \frac{1}{(m-1)(m-1)!}$.
(7) Absolutament convergent; $S = 3/4$.
(8) Absolutament convergent; $S = \frac{a}{1-a}$.
(9) Divergent.
(10) Absolutament convergent; $S = 2/3$.

78.
(1) $4e$.
(2) $20e$.
(3) $4e+1$.
(4) $2(e-1)$.
(5) $\pi/4$.
(6) Si $p \leq 1$ és divergent; per a $p > 1$ és convergent i la suma val $\frac{1}{p-1}$.
(7) $\dfrac{\ln 2}{4}$.
(8) $-\ln 2$.

79. $f(x) = \sum_{n=0}^{\infty} \binom{-\frac{1}{4}}{n} 4^n x^{2n}$, vàlid per a $|x| \leq \dfrac{1}{2}$.

80. $f(x) = \sum_{n=0}^{\infty} \binom{\frac{1}{3}}{n} x^{4n}$, vàlid per a $|x| \leq 1$.

81. $I = (-2,2)$. És convergent per a $x = -2$; no ho és en $x = 2$.

82.
(1) $r = +\infty, \quad I = \mathbb{R}$.
(2) $r = 4, \quad I = (-4,4)$.
(3) $r = 1, \quad I = [-1,1)$.

(4) $r=1, \quad I=[-1,1]$.

(5) $r=1, \quad I=[1,3]$.

(6) $r=1, \quad I=[-1,1]$.

(7) $r=1, \quad I=[-1,1)$

(8) $r=+\infty, \quad I=\mathbb{R}$.

83. (1) $r=1, \quad I=[-2,0)$.

(2) $r=0$.

(3) $r=+\infty, \quad I=\mathbb{R}$.

(4) $r=e, \quad I=[-e,e]$.

(5) $r=2, \quad I=[-2,2)$.

(6) $r=1, \quad I=(1,3)$.

84. (a) $s(x)=-\ln(1-x)$.

(b) $s(x)=\operatorname{arctg} x$.

(c) $s(x)=x+(1-x)\ln(1-x)$.

85. (a) $s(x)=\dfrac{x^2+x}{(1-x)^3}$.

(b) $s(x)=\dfrac{1}{(1-x)^3}$.

(c) $s(x)=-\frac{2}{x}+\left(\dfrac{1}{x}-\dfrac{2}{x^2}\right)\ln(1-x)$.

86. (a) $\dfrac{5}{4}-\dfrac{3}{2}\ln 2$. Sèrie: $\displaystyle\sum_{n=1}^{\infty}\frac{x^n}{n(n+2)}$ amb $x=\dfrac{1}{2}$.

(b) $-\dfrac{4}{27}\ln\dfrac{5}{3}$. Sèrie: $\displaystyle\frac{4}{27}\sum_{n=1}^{\infty}(-1)^n\frac{x^n}{n}$ amb $x=\dfrac{2}{3}$.

(c) $\dfrac{1}{3}\ln 2+\dfrac{\pi}{2\sqrt{3}}$. Sèrie: $\displaystyle\sum_{n=0}^{\infty}(-1)^n\frac{x^{3n}}{3n+1}$ amb $x=1$.

87. Els desenvolupaments en sèrie de potències són:

(1) $e^x=\displaystyle\sum_{n=0}^{\infty}\frac{x^n}{n!}$ per a $x\in\mathbb{R}$.

(2) $\sin x=\displaystyle\sum_{n=0}^{\infty}(-1)^n\frac{x^{2n+1}}{(2n+1)!}$ per a $x\in\mathbb{R}$.

(3) $\cos x=\displaystyle\sum_{n=0}^{\infty}(-1)^n\frac{x^{2n}}{(2n)!}$ per a $x\in\mathbb{R}$.

(4) $\sinh x = \sum_{n=0}^{\infty} \frac{x^{2n+1}}{(2n+1)!}$ per a $x \in \mathbb{R}$.

(5) $\cosh x = \sum_{n=0}^{\infty} \frac{x^{2n}}{(2n)!}$ per a $x \in \mathbb{R}$.

(6) $\ln(1+x) = \sum_{n=1}^{\infty} (-1)^{n+1} \frac{x^n}{n}$ per a $|x| < 1$.

88. (1) $\operatorname{arctg} x = \sum_{n=0}^{\infty} (-1)^n \frac{x^{2n+1}}{2n+1}$ per a $|x| < 1$.

(2) $(1+x)^{\alpha} = \sum_{n=0}^{\infty} \binom{\alpha}{n} x^n$ per a $|x| < 1$.

(3) $\arcsin x = x + \sum_{n=1}^{\infty} \frac{1 \cdots (2n-1)}{2 \cdot 4 \cdots 2n} \frac{x^{2n+1}}{2n+1}$ per a $|x| < 1$.

(4) $\int_0^x \frac{\sin t}{t}\, dt = \sum_{n=0}^{\infty} \frac{x^{2n+1}}{(2n+1)(2n+1)!}$ per a $x \in \mathbb{R}$.

89. (a) $I = (-3, 1]$.

(b) $f^{(4)}(-1) = \frac{3}{8}$ i $\int_{-1}^{0} f(t)\, dt = \sum_{n=1}^{\infty} \frac{(-1)^n}{n(n+1)2^n}$.

90. $r = 1$. $I = (-1, 1)$. És convergent per a $x = -1$ i divergent per a $x = 1$.

91. $f(x) = \sum_{0}^{\infty} \frac{(-1)^n}{n!(2n+1)} x^{2n+1}$ per a tot $x \in \mathbb{R}$. $f^{(25)}(0) = \frac{24!}{12!}$ i $f^{(2000)}(0) = 0$.

92. $f(x) = \sum_{0}^{\infty} \frac{(-1)^n}{(2n+2)!} x^{2n+2}$ per a tot $x \in \mathbb{R}$. $f^{(251)}(0) = 0$. $f^{(2004)}(0) = -2004$.

93. Indicació: feu servir les fórmules que transformen productes de raons trigonomètriques en sumes o restes de les mateixes raons.

94. Indicació: feu servir les fórmules que transformen productes de raons trigonomètriques en sumes o restes de les mateixes raons.

95. (a) $\frac{1}{3}$.

(b) 1.

96. (a) 0.

(b) $\frac{1}{r+1}$.

97. Indicació: apliqueu el criteri de Stolz.
És fals; si preneu $a_n = (-1)^n$, $\lim_{n\to\infty} \frac{a_1+\cdots+a_n}{n} = 0$, i (a_n) no té límit.

98. $\frac{a}{2}$.

99. $\sqrt[3]{abc}$.

100. $\lim_{n\to\infty} y_{\max} = +\infty$. $\lim_{n\to\infty} y_{\min} = 0$.

101. És convergent per a $p > 2$ i divergent per a $p \leq 2$.

102. És convergent per a $a \in [-1,2)$, i divergent en un altre cas.

103. És convergent per a tot $\alpha \neq 1$.

104. Indicació: observeu que $a_{2^n} + a_{2^n+1} + \cdots + a_{2^{n+1}-1} \leq 2^n a_{2^n}$ i que $a_{2^n+1} + a_{2^n+2} + \cdots + a_{2^{n+1}} \geq 2^n a_{2^{n+1}}$.
La sèrie $\sum_{n=2}^{\infty} \frac{1}{n(\ln n)^p}$ és convergent si, i només si, ho és $\sum_{n=2}^{\infty} \frac{2^n}{2^n n^p (\ln 2)^p}$, i aquesta convergeix per a $p > 1$.

105. Les busques coincidiran a les $3 + \frac{3}{11}$ hores, és a dir $3^{\mathrm{h}}16^{\mathrm{min}}21^{\mathrm{s}}$ i $\frac{9}{11}$ de segon.

106. Les busques formaran un angle de 180° a les $3^{\mathrm{h}}49^{\mathrm{min}}5^{\mathrm{s}}$ i $\frac{5}{11}$ de segon.

7

Bibliografia

[1] Apostol T. M. *Calculus*. Vol. I. Barcelona: Reverté, 1982.

[2] Bartle R. G.; Sherbert D. R. *Introducción al Análisis Matemático de una variable*. México: Limusa, 1984.

[3] Berman G. N. *Problemas y Ejercicios de Análisis Matemático*. Moscú: Mir, 1977.

[4] Bombal F.; Marín L. R.; Vera G. *Problemas de Análisis Matemático*. Madrid: AC, 1988.

[5] Burgos J. de *Cálculo Infinitesimal (teoría y problemas)*. Madrid: Alhambra, 1984.

[6] Coquillat F. *Cálculo Integral. Metodología y Problemas*. Madrid: Tebar Flores, 1986.

[7] Danko P.; Popov A. *Ejercicios y Problemas de Matemáticas Superiores*. Vol. I i II. Madrid: Paraninfo, 1982.

[8] Demidovich B. P. *5000 Problemas de Análisis Matemático*. Madrid: Paraninfo, 1985.

[9] Diego B. de *Ejercicios de Análisis*. Sevilla: Deimos, 1984.

[10] Fàbrega A.; Leseduarte M. C.; Llongueras M. D.; Magaña A. *Problemes de Càlcul*. Terrassa: Cardellach Còpies, 1997.

[11] – *Exàmens de Càlcul Resolts*. Terrassa: Cardellach Còpies, 1998.

[12] – *Exercicis i Problemes de Càlcul*. Terrassa: Cardellach Còpies, 2001.

[13] Larson R. E.; Hostetler R. P.; Edwars B. H. *Cálculo*. Vol. 1. Madrid: McGraw–Hill, 1999.

[14] Leseduarte M. C.; Llongueras M. D.; Magaña A. *Càlcul d'una variable.* Temes Clau, 14. Barcelona: Edicions UPC, 2009.

[15] LESEDUARTE M. C.; LLONGUERAS M. D.; MAGAÑA A. *Càlcul I. Problemes i exercicis*. Terrassa, 2007.

[16] LESEDUARTE M. C.; LLONGUERAS M. D.; MAGAÑA A. *Càlcul I. Teoria i exercicis*. Col·lecció UPCGRAU, 6. Barcelona: Iniciativa Editorial Politècnica, 2011.

[17] LUBARY J. A.; MAGAÑA A. *Càlcul I i II. Problemes*. Barcelona: Edicions UPC, 1996.

[18] ORTEGA J. M. *Introducció a l'Anàlisi Matemàtica*. Bellaterra: Manuals de la UAB, 1990.

[19] SALAS S. L.; HILLE E. *Calculus*. Vol. I i II. Barcelona: Reverté, 2002.

[20] SPIVAK M. *Calculus*. Barcelona: Reverté, 1986.

[21] TEBAR E. *Problemas de Cálculo Infinitesimal*. Madrid: Tebar Flores, 1978.

Made in the USA
Monee, IL
06 November 2026

67383137R00109